CRUGE
環境ネットワークの再構築
環境経済学の新展開

田中　廣滋　編著

中央大学出版部

プロローグ

　地球環境を巡る国際会議では，温室効果ガス削減への明確な方策が提示されてはいない．また国内では，廃棄物の再利用を促進するための法律などが整備されているが，罰則などその具体的な内容をみれば，これらの法律によって環境問題が解決されると期待することはできないであろう．また，世界のエネルギー消費や資源の今後の動向が環境に与える影響も今後注意深く検討されるべき重要なテーマである．現段階では，環境問題解決への道は厳密にはまだ整備されていないとはいっても，その方向性あるいは基本的な骨組みは見え始めてきたということができるであろう．これまでの環境問題への取組みにおいても，評価すべき点は存在する．環境問題が個々の個人や団体の献身的あるいは先駆的な活動によって，社会全体の課題であるという認識は次第に共有できる段階に到達しつつあるといえる．持続的成長の実現あるいは循環型社会の構築という課題が設定されることには異議はないとしても，生産や消費など日常の活動の多くがこれまで環境に有害であったという事実を正しく認識すれば，環境問題は，個別的あるいは部分的な取組みによって満足すべき成果が期待できるテーマではなく，地球全体あるいは社会全体で取り組まれるべき課題であることが明らかである．

　環境に影響を与えるわれわれの活動は，公的および私的活動の全般に及ぶ．また同時に，この活動をその性質に従って分類すれば，経済活動，社会活動などの多くの項目が必要となる．それ故に，環境問題への対応が有効であるためには，これらの多くの分野への働きかけが適切に実行されなければならない．このように多くの分野で顕著な効果を実現する対応策を確立するためには，これまで多くの問題の解決に適応された手法が修正されたり，新しい政策あるいは対策の体系が構築されなければならないであろう．この点を明確にするために，これまでの産業政策と環境政策との違いを対比して考えてみよう．産業政

策では，消費者にとって製品の安全性の確保や安定供給という課題を実現するために，行政機関は消費者の要望を吸い上げながら産業界に規制や指導を実施する．これに対して，環境問題では，廃棄物あるいは温室効果ガスの削減および廃棄物の最終処分場の確保などで行政機関は個人や企業に対する排出量の規制や監視をしながら，自らも廃棄物の処理に対して責任を持つという多面的な活動を実行しなければならない．行政機関は産業界だけでなく住民に対しても排出量の削減だけでなく処分場の確保の要請も行わなければならない．

行政機関から産業界や住民への働きかけをみてみても，市場の機能を活用したものから，社会全体としての自助機能を強化する自発的な取組みの活性化，規制や指導まで広いチャンネルが利用される．また，環境問題の解決には，住民，行政と企業が一体となった取組みが必要であることは広く認識されている．物や情報の流れる方向についても，生産者から消費者への一方向ではなく，双方向の流れが重要であり，緻密なネットワークの構築が求められる．このように双方向に情報と物の流れが組み立てられていくなかで，社会全体として適正な意思決定が実現するためには，ネットワークに参加する市民，行政および産業界の役割が問われている．そして，地域を主軸として国内レベルで組み立てられたネットワークが，国際的な強力な連環に組み込まれていることは環境ネットワークの構造上避けられないことである．本書のテーマは，環境を改善するためのネットワークの網の目を細かくして，環境に関して落ちこぼれがない一種の社会保障のネットワークを完成するための方策を論証あるいは検証することである．

本書は，ネットワークのあり方に関するいくつかの論点を整理することを目的とする．1章では，市場機構を活用した政策の機能を側面から支える課徴金や監視体制のあり方が論じられる．2章では，地域の環境ネットワークともいえるコモンズ（地域の共同体）の再生を目指す議論が展開される．3章は国際的な連環に立って熱帯雨林の機能を回復するための提言がなされる．4章は農業政策において，画一的な規制と補助金を活用した自発的な環境対策への支援策が比較して論じられる．5章はネットワークの機能を持つ交通に対して環境

対策を含めた総合的な政策の必要性が主張される．6章では，産業廃棄物の最終処分処分場が，単なる産業施設ではなく公共財としての機能を有していることを指摘して，この問題の解決の糸口が提案される．エピローグでは，本書で展開される環境ネットワーク論のまとめとして理論的な考察がなされる．

　最後に，本書で構想される環境ネットワークは，経済活動を統括する市場のネットワークと市民の社会生活を環境面から制御する社会生活のネットワークを統合する．前者の経済的なネットワークは，厳正な市場のルールにより運営されなければならない．後者の社会生活のネットワークが成熟するためには，洗練された環境教育によって裏づけられた明確で公正なルールが確立される必要がある．本書において，環境ネットワーク機能の整備あるいは強化が論じられてきたが，議論全体がこの巨大なネットワーク全体の構造を解き明かすというより，そのネットワークに飲みこまれてしまうという結果に帰してしまうことを恐れている．著者を代表して環境のネットワークの構築を論じることが環境問題解決に資するというわれわれの主張が今後のより生産的な議論の展開の一助となることを祈念したい．

　　　2001年5月

　　　　　　　　　　　　　　　　　　　　　　　　　　　　田　中　廣　滋

目　　次

プロローグ

第1章　課徴金・監査・インセンティブ規制
田中廣滋

1．はじめに……………………………………………………………1
2．監視活動と課徴金の最適理論……………………………………3
3．課徴金に関する制約と企業行動…………………………………7
4．監査・課徴金の次善の政策………………………………………8
5．インセンティブ規制………………………………………………12
6．おわりに……………………………………………………………16

第2章　グリーン・ツーリズムと地域環境政策
藪田雅弘

1．はじめに……………………………………………………………19
2．コモンプールとグリーン・ツーリズム…………………………21
3．グリーン・ツーリズムのモデル分析……………………………24
4．グリーン・ツーリズムとコモンプールの最適管理政策………30
5．地域環境政策としてのグリーン・ツーリズム…………………35

第3章　熱帯林の経済分析——草の根の環境保全の試み
鳥飼行博

1．はじめに……………………………………………………………41
2．熱帯林減少の要因…………………………………………………45
3．持続可能な林業……………………………………………………57
4．森林・生物多様性の保全…………………………………………66
5．資金の充実…………………………………………………………72
6．おわりに……………………………………………………………81

第4章　環境保全型農業に向けての農業政策
牛房義明

1．はじめに……………………………………………………………89
2．環境保全プログラムにおける農家と政策当局の行動…………91
3．2つの環境保全プログラムの比較………………………………98
4．2つのプログラムを活用したゾーニング政策 …………………104
5．日本における環境保全型農業の取組み …………………………107
6．おわりに……………………………………………………………110

第5章　ロード・プライシングと環境負荷
宮野俊明

1．はじめに……………………………………………………………115
2．道路の有料化………………………………………………………118
3．ロード・プライシングに関する経済学的展開 …………………120
4．現代社会におけるロード・プライシング ………………………127
5．ロード・プライシングの実施に向けた今後の課題
　　——結びにかえて——……………………………………………135

第6章　公共財としての廃棄物最終処分場の整備
田中廣滋

1．はじめに……………………………………………………………143
2．NIMBY施設としての廃棄物の最終処分場 ……………………147
3．物品課税との組合せ………………………………………………157
4．非対称な交渉力を有する自治体間の交渉 ………………………159
5．おわりに……………………………………………………………162

エピローグ

索　引

第 1 章

課徴金・監査・インセンティブ規制

1. はじめに

　循環型社会の構築という大きな目標が設定されても，それが実現するためには，実施可能な方策が着実に実行されなければならない．温室効果ガス削減のためのエネルギー削減策，資源の再利用を目指すリサイクルへの取組み，自然界における生態系の維持，有害物質の除去による生活環境の保全など広い分野に及ぶ多様な課題への対応が求められている．これらの個別の課題に対して有効な方策が講じられる必要があり，循環型社会の構築という政策課題全体に対して複数の政策手段が組み合わせて用いられることになり，政策手段という観点からいえば，多数の選択肢が存在する．これらの政策手段の有効性が比較検討されるとき，規制当局と規制の対象との間に情報の非対称性が存在することから，環境政策に関する議論において有害物質の排出基準値などを制御する直接規制が有効に機能することの困難さが指摘され，排出権や課税などを用いた市場の機能を用いた規制手段の役割が評価される．その一方で，第6章では，廃棄物処理施設が整備されるときに生じる問題が分析されるが，産業廃棄物の処理施設のように民間の企業が市場原理に基づいて行動するということができそうな，廃棄物の処理施設に関しても，その処理施設は公共財としての性質を

有していることが強調される．このように，環境問題の解決に市場の枠組みを用いるといっても，環境は公共財としての性質を有しており，政府がその維持に責任を有していることは否定できない．いいかえると，環境問題においては，市場の機能を活用する方策が採用されたとしても，規制当局の役割がなくなった訳ではない．有害物質に対する排出課税が課されたとしても，不法な排出に対する監視体制が不十分であったり，処罰が軽ければ，排出主体は課税を負担せずに，不法な排出を続けることが経済的に有利であると判断するであろう．その理由は，排出主体が処罰を受ける可能性があるとしても，罰金が軽かったり，監査体制がうまく機能することがなければ，不法な排出をすることによって期待値の計算上では排出課税を節減できることである．

　排出税を課すことによる汚染物質削減効果は理論的には次のように作用すると理解される．効用あるいは利潤最大化を目指す個人や企業が排出課税を負担するとき，各主体の汚染物質排出にともない消費者価格あるいは限界費用が上昇して，限界便益あるいは限界収入と均衡する排出数量が低下することである．ところが，監視体制や罰則が未整備であれば，排出税が導入されても，排出物削減にともなう消費者価格あるいは限界費用の増加はゼロとなり，市場価格は不変である．このような状況の下においては，排出課税が消費者や生産者の汚染物質の排出行動に変化を与えることはできない．その他の市場の価格機構の機能を活用する政策手段に関しても，同様な推論が成立して，その効力を発揮するためには，監査体制や罰則の整備が不可欠であるということができるであろう．

　本書の各章で展開される環境政策に関する議論において，規制当局における環境保全のために汚染物質の排出に関する監視活動や課徴金の役割は基本的な政策手段として，組み込まれている．それらの議論の理論的な枠組みを明確にするために，その基礎理論として，市場の機能を活用する政策手段の有効性を保証するための規制当局の役割が明確にされる．第2節において，監視活動と課徴金に対する企業の不正排出行動が論じられる．特に，排出基準が守られるための監視活動と課徴金との組み合わせが論じられる．第3節において，端点

解の条件を用いて排出基準が守られるときの，監視活動と課徴金の関係が解明される．第4節において，規制にともなう政策の効率性が監視行動や課徴金の水準に影響を与える次善の理論が展開される．第5節において，規制当局が企業が排出削減のための経費が必要になり始める時期が分らないときのインセンティブ規制が論じられる．

2．監視活動と課徴金の最適理論

最適規制を示す図1において，不法排出をする排出主体の排出物の価格はゼロであることから，排出の削減 OF をせずに排出を続けることによって，最適規制の水準と比較して三角形 CEF の費用削減が実現される．点Fで示される最適削減量は市場の手段によって達成されないということができる．CO_2 や NOx などの排気ガス，あるいは，一般および産業廃棄物を例にとれば，排出課税や排出権市場など市場の機能を用いた規制手段が採用されたとしても，監視体制や罰金の制度が整えられていなければ，排出主体がその排出量を削減するように誘導することはできないのである．以上のことを要約すれば，市場機

図1 環境規制と課税

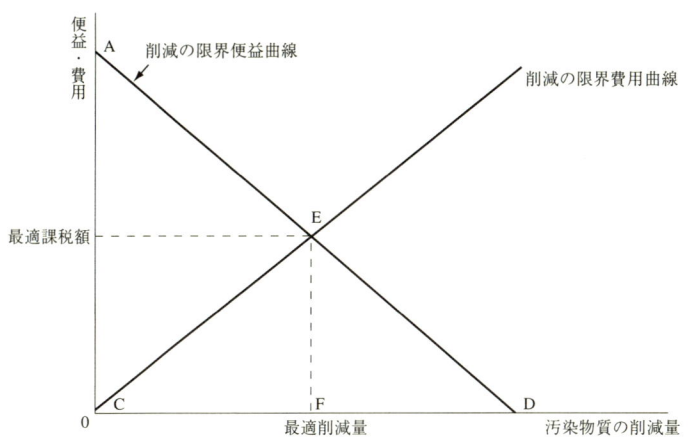

構の機能を活用した政策手段が有効に機能するためにも，規制当局による適正な対応が求められるのである．市場を活用した規制手段が有効に機能するために規制当局は重要な役割を果たさなければならない．特に，本章では規制における罰則（課徴金）と監査の役割が述べられる．

　排出主体の役割が簡単なモデルを用いて説明される．有害物質を排出する企業が地域に1つしかないと想定してみよう，規制当局はその企業に対する排出水準の上限を x に定める．企業は必ずしもこの政府による規制に従うとは限らないで，e の水準の排出を行う．本節では，$x \leq e$ が満たされる場合が考察の対象となる．この制約条件に関する考察は3節で行われる．排出削減の努力が必要でない排出水準が A であるとき，$a = A - e$ は企業による汚染物質の削減量であり，企業は廃棄物の削減を実現するためには削減費用 $C(A-e)$ を負担しなければならない．費用関数は削減水準 a に関して逓増する．$C' > 0$ と $C'' > 0$ が満たされる．ただし，$C'(0)$ はゼロで近似される正の数である．規制当局はその基準が満たされるように排出物の単位あたりの課税が t に設定される． 規制当局は企業による不法行為に対して数量 y で示される監視を行う．この監視費用は $g(y)$ で示される．その結果として，企業の不法排出の発見確率 Π は監視活動 y の増加関数である．監視費用は規制当局の努力 y に関して逓増するのに対して，発見確率は逓減する．$g'(y) > 0$，$g''(y) > 0$，$\partial \Pi / \partial y > 0$，$\partial^2 \Pi / \partial y^2 < 0$ が満たされる．

　まずはじめに，排出量は発見確率に影響しない場合が考察される．実際には，排出量が大きくなるにつれて，人体や生物界における影響が広がり，不法排出が発見される可能性が高くなるであろう．このとき，不法排出量が $z = e - x$ で定義されるとき，発見の確率は関数 $\Pi(y, z)$ と表示される．この場合の推論は次節で展開される．不法排出が発見された場合には，実際の排出水準が基準に達するように企業に排出量の修正が求められ，結果として，tx の排出課税が支払われなければならない．不法な排出に対する防止策として課税と基準を超えた排出量 $e - x$ に対して単位当たり α の課徴金が科せられる．排出量削減に関する企業の期待費用は

$$\pi(e) = (1-\Pi(y,z))\{tx+C(A-e)\} + \Pi(y,z)\{\alpha(e-x)+tx+C(A-e)\} \tag{1}$$

で表される．企業が費用を最小にするように排出水準を定めるとすれば，$\pi'(e)=0$ を満たす e を求めることである．

$$-\frac{dC}{de} = \Pi(y,z)\alpha \tag{2}$$

が導出される．上式は，次のように解釈される．規制水準 x を超えて排出量 e が1単位だけ増える（減少する）とき，左辺で示される費用の削減額（増加額）が右辺の値である課徴金の期待値に等しくなる．課徴金の引き上げおよび不正排出に対する監査努力による不正発見率の上昇は(2)の右辺の値を増加させる．排出量削減に関する限界費用逓増の仮定を用いれば，右辺の値が増大するにつれて，(2)を満たす削減が進むといえる．最適な環境水準を実現するという観点からいえば，e が x に等しくなるまで，課徴金と監視の努力を増加すべきである．特に，$e=x$ が成立するように，α を適当に操作すれば，容易に排出基準は達成されるということができる．この操作の内容をもう少し詳しくみてみよう．(2)式に陰関数を適用すれば，関係式

$$\frac{de}{dy} = \frac{-(\partial\Pi/\partial y)\alpha}{C''} < 0 \tag{3}$$

$$\frac{de}{d\alpha} = \frac{-\Pi}{C''} < 0 \tag{4}$$

が導出される．次に，上の2式の2次係数を求めてみよう．ただし，C''' は C'' と同符号の正数であると仮定しよう．(3)と(4)式を y と α に関して微分すれば，

$$\frac{d^2e}{dy^2} = -\frac{(\partial^2\Pi/\partial y^2)C''\alpha - (\partial\Pi/\partial y)\alpha C'''(de/dy)}{(C'')^2} < 0$$

$$\frac{d^2e}{d\alpha^2} = 0$$

の成立が確かめられる．e は関数

$$e = e(y,\alpha)$$

図2 課徴金と監視水準

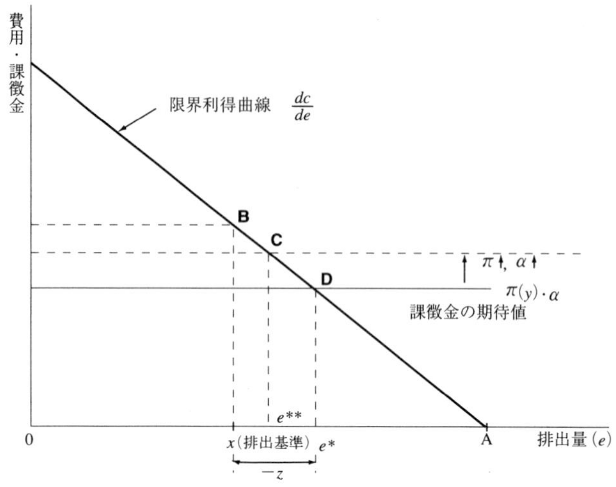

[図: 横軸に排出量(e)、縦軸に費用・課徴金。限界利得曲線 $\frac{dc}{de}$ が右下がりに描かれ、点B、C、Dがあり、水平線が $\pi(y)\cdot\alpha$ 課徴金の期待値を示す。横軸上に x(排出基準)、e^{**}、e^*、A の位置、$-z$ の区間が示される。]

と表示される．

　以上で説明された関係は，線型で近似された図2を用いて図解される．図2において，水平軸に排出量，垂直軸に費用と課徴金の額が測られる．$-dC/de = C' > 0$，$-d^2C/de^2 = -C'' < 0$ が満たされるが，費用関数は図2では，水平軸を左方向に測られることから，排出量が増加するときに，排出削減の努力をしないことから，企業が得ることができる限界利得（$-dC/de$）は右下がりの曲線によって示される．(2)式はこの限界利得と課徴金の期待値が等しくなる水準 e^* が排出されることを意味する．この2つの曲線の交点 D が交点 B になるように，規制当局は規制水準の達成を目指して発見確率 Π または課徴金 α を操作する．

　この課徴金の操作は，産業界の反対などにあって，スムーズに進まないのが現実である．その他にも，廃棄物や汚染物質の量や性質も課徴金や不法排出発見の努力水準に影響を与える．不法排出量がその発見に影響を与えるときには，議論は以下のように展開される．不法排出量が増大すれば，発見の確率が高くなると想定すれば，$\partial\Pi/\partial z > 0$ が満たされる．(1)式が

$$tx + C(A-x-z) + \alpha \Pi(y,z)z \tag{5}$$

と書き換えられることに注意すれば，(5)をzに関して微分して，ゼロに等しいとすれば，

$$\frac{dC}{dz} = \alpha \Pi (\varepsilon + 1) \tag{6}$$

ただし，$\varepsilon \equiv \frac{\partial \Pi}{\partial z} \Big/ \frac{z}{\Pi}$は，不法排出の発見率の弾力性である．(6)の左辺の限界費用はzに関して逓減することから，この弾力性が大きいほど，(6)との比較において，zが小さく定められる．図2において，課徴金の期待値を表す曲線は上方にシフトして，この曲線と限界利得曲線の交点である企業の最適排出量はe^*から左方へシフトする．不法な排出が目立つような状況においては，不法な排出は低い水準に抑えられる．このように，排出主体が排出削減を遵守するのに，課徴金と監査の努力だけでなく不法排出の発見率の弾力性が影響を与えていることにも注意が払われなければならない．[1)]排出主体による不正排出を抑制するためには，排出主体の活動をより透明にして，排出物をより発明しやすくする仕組みが社会に確立しなければならない．

3. 課徴金に関する制約と企業行動

2節の議論では，説明を容易にするために企業による汚染物質の排出量が規制水準を上回ることを前提として，企業行動が解明された．より厳密にいえば，企業の最適行動を説明する(2)式を導出するためには，zに関する非負の制約条件に関する

$$\pi(e) + \mu(e-x)$$

を用いなければならない．ただし，μは Lagrange 乗数である．(2)式は，費用最小化の条件式

$$-\frac{dC}{de} \leq \Pi(y,z)\alpha \tag{2}'$$

$$(e-x)\left\{\frac{dC}{de}+\Pi(y,z)\,\alpha\right\}=0$$

と書き換えられることに注意すれば，次の企業行動が明らかにされる．企業が規制の水準を満たすように汚染物質を排出するときには $(e \leq x)$，(2)' は $e=x$ において不等号で成立する．この関係は次のように解釈される．企業が規制水準 x を超えて1単位汚染物質を排出するとき，節約することができる汚染物質削減費用が期待課徴金より小さくなる．このときには，課徴金が課せられる規制水準まで，汚染物質を削減することが企業にとって最小の費用をもたらす．この規制基準が実現される場合に関しては5節におけるインセンティブの議論で論じられるが，本節においては汚染物質の排出が規制水準を超過する場合における，規制当局によって実施される課徴金と監視行動が企業の不正排出に与える影響が分析される．

4．監査・課徴金の次善の政策

規制活動が経済活動に与える影響を含めて，最適な課徴金と不法排出の発見率に関して説明しよう．次善の社会的厚生関数は

$$W(e(y,\alpha))-C(A-e(y,\alpha))-(1+\lambda)\{tx+\Pi(y)\,\alpha\,(e(y,\alpha)-x)+g(y)\} \tag{7}$$

と定式化される．W は排出水準が e であるときの社会的厚生関数であり，$dW/de<0$, $d^2W/de^2<0$ が満たされる．(7)は社会的な純便益を表し，W から企業が負担する期待費用と政府の活動によってもたらされる社会的な超過負担を含めた費用が差し引かれる．λ は財政の潜在価格である．[2] (7)式を y と α に関して微分してゼロとおけば，

$$\frac{dW}{de}\frac{\partial e}{\partial y}=-\frac{dC}{d(A-e)}\frac{\partial e}{\partial y}+(1+\lambda)\left\{\frac{\partial \Pi}{\partial y}\alpha(e-x)+\Pi\,\alpha\,\frac{\partial e}{\partial y}+\frac{dg}{dy}\right\} \tag{8}$$

$$\frac{dW}{de}\frac{\partial e}{\partial \alpha} = \frac{dC}{d(A-e)}\frac{\partial e}{\partial \alpha} + (1+\lambda)\left\{\Pi(e-x) + \Pi \alpha \frac{\partial e}{\partial \alpha}\right\} \quad (9)$$

が得られる．左辺はyとαに関する社会的な限界便益であり，右辺は限界費用と政府活動の超過負担が加えられたものである．左辺の値は正であり，右辺の第1項も正である．規制当局の活動に関する評価は，(8)と(9)式の第2項より右の項で示される．課徴金が与える費用負担と規制を強化するための行政費用が費用の項目として計上されるが，規制の強化によってもたらされる汚染物質の削減効果は規制の社会的費用から控除されることが主張されている．この第2項の符号が定まらないことから，以下の対応が求められる．特に，右辺の第2項が正であるときには，規制活動の社会的な超過負担は社会的な限界費用を押し上げる要因として作用する．このとき，政府の活動の経済活動への負担を考慮すれば，罰金も不法排出への監視活動も抑制されるべきであると言える．右辺の第2項が負であれば，規制活動による超過負担は負となり，罰金や監視活動は社会的な費用を減少させる効果を有しており，次善の解において最善の水準を超えて，罰金や監視を強化すべきであるという結論にいたる．この関係をより明確にするために，左辺で示される曲線の形状を確かめてみよう．(8)と(9)式の左辺をyとαに関して微分すれば，

$$\frac{d^2W}{de^2}\left(\frac{\partial e}{\partial y}\right)^2 + \frac{dW}{de}\frac{\partial^2 e}{\partial y^2} < 0$$

$$\frac{d^2W}{de^2}\left(\frac{\partial e}{\partial \alpha}\right)^2 + \frac{dW}{de}\frac{\partial^2 e}{\partial \alpha^2} = \frac{d^2W}{de^2}\left(\frac{\partial e}{\partial \alpha}\right)^2 < 0$$

の成立が確かめられる．限界便益はyとαに関して逓減する凹関数である．次に，(8)の右辺をyで微分をすると，

$$\frac{d^2C}{d(A-e)^2}\left(\frac{\partial e}{\partial y}\right)^2 - \frac{dC}{d(A-e)}\frac{\partial^2 e}{\partial y^2} + (1+\lambda)$$

$$\left\{\frac{\partial^2 \Pi}{\partial y^2}\alpha(e-x) + 2\alpha\frac{\partial \Pi}{\partial y}\frac{\partial e}{\partial y} + \Pi\alpha\frac{\partial^2 e}{\partial y^2} + \frac{d^2g}{dy^2}\right\}$$

が導出される．上式の第1，2項で示される社会的費用は正値，第3項以降は

$g'(y)$ の項を除けば負値となり,互いに相殺する.正値の項の絶対値が負の項の絶対値を上回れば,上式の符号は正となり,規制当局による監査の社会的な限界費用は逓増するということができる.同様に,(9)の右辺を α で微分すれば,

$$\frac{d^2 C}{d(A-e)^2}\left(\frac{\partial e}{\partial \alpha}\right)^2 - \frac{dC}{d(A-e)}\frac{\partial^2 e}{\partial \alpha^2} + (1+\lambda)\left\{\Pi(e-x)\frac{\partial e}{\partial \alpha} + \Pi\frac{\partial e}{\partial \alpha} + \Pi\alpha\frac{\partial^2 e}{\partial \alpha^2}\right\}$$

が導かれる.この上の式は,$\partial^2 e/\partial \alpha^2 = 0$ から,正の値であることが確かめられる.y と α に関する社会的な限界費用は逓増することが確かめられる.さらに,

$$\Pi(e-x)\frac{\partial e}{\partial \alpha} + \Pi\frac{\partial e}{\partial \alpha} + \Pi\alpha\frac{\partial^2 e}{\partial \alpha^2} = \Pi(e-x+1)\frac{\partial e}{\partial \alpha} < 0$$

から,規制の政府活動によってもたらされる社会的な超過負担も逓減することが明らかである.

図3 次善の規制活動

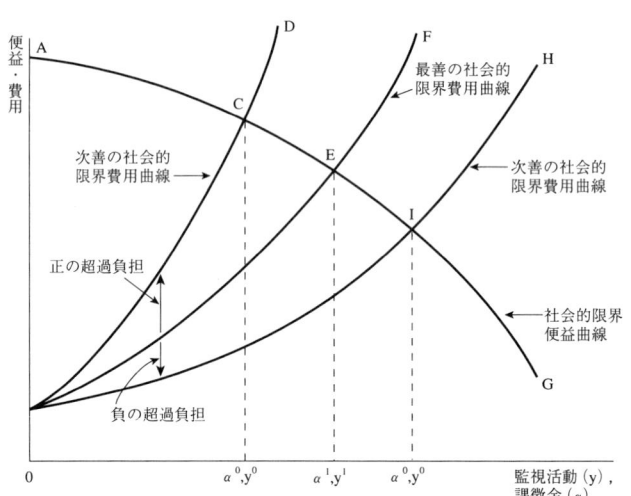

以上の分析から得られた含意を明らかにするために，図3が作成される．社会的限界便益曲線はAGで表示されるのに対して，限界費用曲線はBFまたはBDで描かれる．ここで，最善の社会的限界費用曲線はBFで，また，次善の社会的限界費用曲線は正の超過負担が生じるときにはBDで負の超過負担が発生するときにはBHで描かれる．この3つ限界費用曲線と社会的限界便益曲線との交点C，IとEを比較すれば，帰結が導かれる．政府の規制活動が社会的な負担として認識される正の超過負担が発生するときには，最善の均衡点より次善の均衡点において，課徴金および監査活動の水準は低く抑えられることが明らかにされる．規制当局が積極的に活動することは望ましいことであるとはいえても，その活動が経済活動にもたらす歪みなどを通じて負荷を与えることも事実である．この負荷が過大にならないように配慮すれば，課徴金や監査活動は最善の水準よりも低位に置かれることになる．この理論に基づいて政策を実行すれば，最適な規制水準を実現するための枠組みがかなり緩く設定されることから，逆に市場的な解決が円滑に機能しないという恐れも存在する．これとは逆に，規制活動が社会的に有効に機能するときには，負の超過負担が規制当局の行動によってもたらされて，この場合には，次善の解においても最善の水準を超えてその監視活動と課徴金を設定することが社会的に望ましい．この理論が，課徴金や監査活動が十分ではないという実感を説明しているかどうかを明確に論じることは容易ではないが，いずれにしても，規制活動の有効性が現実の次善的な監視活動や課徴金の設定などに影響を与える．

　また，環境汚染に対する監視と課徴金の最適な組み合わせが本章で論じられているが，このような環境汚染に対する法規制と同時に汚染を起こした企業が環境汚染を自己申告（self-reporting）して，汚染を除去する制度も採用されているが，LivernoisとMcKenna(1999)あるいはInnes(1999)はこの制度が，期待課徴金が低いときにも企業が排出基準を守ることや，規制の実行費用（enforcement cost）の引き下げに役立つことを説明する．このように，規制活動の効率性を高めるような制度的な工夫が次善の課徴金や監視水準に影響を与える．

5．インセンティブ規制

3節で言及された次善の問題とともに，インセンティブ規制に関する議論にも注意を払わなければならない．以下ではLaffont(1995), (2000)において用いられた分析手法を用いて議論が展開される．$x \leq e$ が満たされるように汚染物質が排出されるとき，規制当局は(8)と(9)の条件が満たされるように監査の水準 y と課徴金 α を決定する．厳密には第3節で用いられた端点解に関する議論が展開されるべきであるが，簡単化のために以下では，内点解が主に論じられる．この段階において，規制当局は，W，C，Π等の関数および排出水準 A に関する情報を入手しなければならない．議論を簡単化するために，W，C，Πに関する情報は得られているが，規制当局が A の正確な値を把握することができないと想定しよう．規制当局は企業にとって排出削減の努力をしないですむ排出量が $\overline{A}$ または $\underline{A}$ のいずれかであることを知っているが，企業にどちらの値が本当にあてはまるのかを特定することができないとしよう．ただし，不等式

$$\underline{A} < \overline{A}$$

が成立する．A の本当の値にかかわらず，企業は $\underline{A}$ または $\overline{A}$ と表明することができ，規制当局は表明された A が $\underline{A}$ であるか $\overline{A}$ に応じて，(8)と(9)を満たす監査の水準と課徴金を $y(\underline{A})$，$\alpha(\underline{A})$，$y(\overline{A})$，$\alpha(\overline{A})$ に定める．次に，規制当局によって，y と α の組が決められると，企業は(2)を満たすすように排出量を決定する．この y と α の任意の組に対して，企業にとって本当の A の値が $\underline{A}$ であるか $\overline{A}$ によって決められる排出量が $\underline{e}$ または $\overline{e}$ であるとき，

$$-\frac{dC(\underline{A}-\underline{e})}{de} = -\frac{dC(\overline{A}-\overline{e})}{de} = \Pi(y(A),z)\alpha(A), \quad \text{for } A = \underline{A}, \overline{A}$$

が満たされる．$\underline{A}-\underline{e} = \overline{A}-\overline{e}$ と $\underline{A} < \overline{A}$ から不等式

$$\underline{e} < \overline{e} \qquad (10)$$

が導出される．排出削減前の排出が相対的に高い水準において，課徴金制度が

実施されたときの排出水準は相対的に高く定められる．A の本当の値が $\underline{A}$ または $\overline{A}$ のいずれに対しても，企業が $\overline{A}$ と表明すれば，$\underline{A}$ と表明したときと比較して，相対的に大きな水準 $\overline{e}$ を排出することができる．結果として，企業は $\overline{e}-\underline{e}$ だけ排出の削減を軽減することができて，排出費用を減少させ，利潤を増大することができるであろう．

ところで，第2節で解説されたように，理論的には(2)において排出水準 e が規制値 x に等しくなるように，監視活動と課徴金は定められる．ここで，(2)式は

$$-\frac{dC(\underline{A}-x)}{de}=\Pi(y(\underline{A}),z)\,\alpha(\underline{A})$$

$$-\frac{dC(\overline{A}-x)}{de}=\Pi(y(\overline{A}),z)\,\alpha(\overline{A})$$

と書き直される．$\overline{A}-x>\underline{A}-x$ と費用関数の性質から，

$$-\frac{dC(\underline{A}-x)}{de}<-\frac{dC(\overline{A}-x)}{de}$$

の成立が確かめられる．この関係を整理すれば，不等式

図4　インセンティブ規制

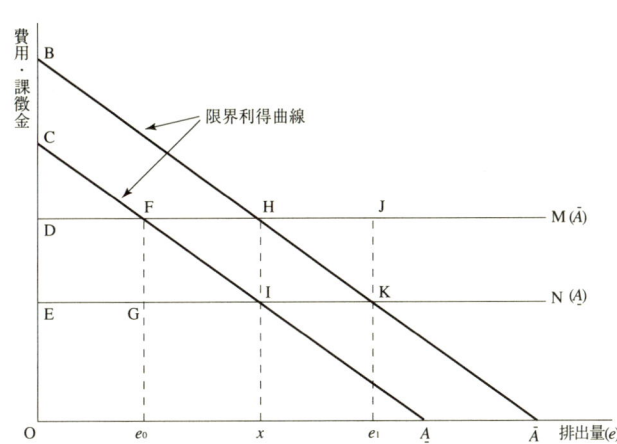

$$\Pi(y(\underline{A}), z)\,\alpha(\underline{A}) < \Pi(y(\overline{A}), z)\,\alpha(\overline{A}) \tag{11}$$

が導かれる．$\overline{A}$ は $\underline{A}$ より高い排出水準において，排出削減の努力が求められる．この関係は次のように解釈することが可能である．企業が $\overline{A}$ の状態にあるときには，$\underline{A}$ の状態にあるときより厳しい監査と課徴金の体制下に置かれているということができるであろう．

図2を修正した図4が描かれる．(11)の右辺を描く直線 DM は，左辺を示す直線 EN より上方に位置する．(10)式は次の関係を意味する．$\overline{A}$ の状態にある企業が，$\underline{A}$ の状態にあると表明すれば，直線 EN の期待課徴金が設定される．企業は(2)式が満たされるように，点 K に対応する排出量 e_1 に定める．正直に $\overline{A}$ が表明された場合と比較して，企業は $e_1 - x$ だけ超過して汚染物質を排出することが可能であり，台形 $\text{H}xe_1\text{K}$ の面積に等しい削減費用を節約できる．これに対して，排出量が基準値 x を超過することから生じる課徴金の期待額は長方形 $\text{I}xe_1\text{K}$ の面積に対応する．以上の結果をまとめると，企業は三角形 HIK の面積に等しい期待純利得を手に入れる．

他方，次のような理由で，$\underline{A}$ の状態にある企業は A の値が $\overline{A}$ であると表明する誘因を持たないであろう．A の値が $\overline{A}$ である企業に対する期待課徴金は直線 DM で描かれる．企業は直線 $\text{C}\underline{A}$ と直線 DM の交点に対応する水平軸の座標の値に等しい e_0 の汚染物質を排出する．このときには，規制水準を上回る $x - e_0$ 排出の超過削減が実施される．企業は台形 $\text{F}e_0x\text{I}$ の面積に等しい削減費用を負担しなければならない．このときには，$x > e_0$ から排出基準が満たされていることから，課徴金の対象とはならないので，課徴金の削減効果はなく，企業の純期待利得は，この台形 $\text{F}e_0x\text{I}$ の面積に等しい費用の増加である．企業はこのような純損失が発生するような選択を行わないであろう．

以上で説明された関係は，(1)式を用いて確認される．だだし，期待費用に $\pi(\overline{A}, \overline{A})$, $\pi(\overline{A}, \underline{A})$, $\pi(\underline{A}, \underline{A})$, $\pi(\underline{A}, \overline{A})$ という表記法が採用される．この関数では，最初の変数がその企業の特性を表し，第2項の変数が企業によって表明された値である．たとえば，$\pi(\overline{A}, \underline{A})$ は，真の値が $\overline{A}$ である企業が $\underline{A}$ を表明したときの期待費用である．期待費用に関する誘因両立性の条件は

第1章 課徴金・監査・インセンティブ規制 15

$$\pi(\overline{A},\overline{A}) \leq \pi(\overline{A},A), \quad \text{for } A = \overline{A}, \underline{A} \qquad (12)$$

$$\pi(\underline{A},\underline{A}) \leq \pi(\underline{A},A), \quad \text{for } A = \overline{A}, \underline{A} \qquad (13)$$

と表記される.上の段落での説明から(13)の成立は明らかなので,(12)に関して議論を進めよう.$\pi(\overline{A},\overline{A})$ と $\pi(\overline{A},\underline{A})$ が次式のように書き表される.

$$\pi(\overline{A},\overline{A}) = (1-\Pi(y(\overline{A}),z))\{tx+C(\overline{A}-x)\} + \Pi(y(\overline{A}),z)$$
$$\{\alpha(\overline{A})(x-x)+tx+C(\overline{A}-x)\} = tx+C(\overline{A}-x)$$
$$\pi(\overline{A},\underline{A}) = (1-\Pi(y(\underline{A}),z))\{tx+C(\overline{A}-e_1)\} + \Pi(y(\underline{A}),z)\{\alpha(\underline{A})$$
$$(e_1-x)+tx+C(\overline{A}-e_1)\} = tx+C(\overline{A}-e_1) + \Pi(y(\underline{A}),z)\alpha(\underline{A})(e_1-x)$$

このことに注意すれば,関係式

$$\pi(\overline{A},\overline{A}) - \pi(\overline{A},\underline{A})$$
$$= \{C(\overline{A}-x) - C(\overline{A}-e_1)\} - \Pi(y(\underline{A}),z)\alpha(\underline{A})(e_1-x) \qquad (14)$$

が導出される.$\overline{A}-x > e_1$ と排出削減の費用関数 C が増加関数であることから,(14)式の第1項と第2項はともに正となる.(14)式の符号がこの2つの項の相対的な大きさによって決められる.

図4において,この第1項は台形 Hxe_1K の面積で,また,第2項は長方形 Lxe_1K の面積で表される.この図では三角形 HIK の面積だけ第1項が第2項を上回り,(14)式は正の値となる.企業は規制当局にその特性を不正直に表明する誘因を有する.この誘因が解消するような仕組みが規制の枠組みに組み込まれなければならない.たとえば,図の上では次のような効果を持つ課税の導入が考えられる.費用関数が線形の曲線で近似されるときには,不正が発見された企業に対してインセンティブ課税を $(1/2)\{\Pi(y(\overline{A}),z)\alpha(\overline{A}) - \Pi(y(\underline{A}),z)\alpha(\underline{A})\}(e_1-x)$ だけ追加徴収することによって,企業は不正直に特性を表明する誘因を失う.厳密にいえば,企業が $\overline{A}$ を表明するときには,インセンティブ課税として $(1/2)\Pi(y(\underline{A}),z)\alpha(\underline{A})(e_1-x)$ を課す.また,企業が $\underline{A}$ を表明するときには,$(1/2)\Pi(y(\overline{A}),z)\alpha(\overline{A})(e_1-x)$ がインセンティブ課税となる.インセンティブ課税後の期待費用 $\pi_i(\overline{A},\overline{A})$ と $\pi_i(\overline{A},\underline{A})$ は

$$\pi_i(\overline{A},\overline{A}) = tx + C(\overline{A}-x) + (1/2)\Pi(y(\underline{A}),z)\alpha(\underline{A})(e_1-x)$$
$$\pi_i(\overline{A},\underline{A}) = tx + C(\overline{A}-e_1) + \Pi(y(\underline{A}),z)\alpha(\underline{A})(e_1-x) + (1/2)$$

$$\{\Pi(y(\overline{A}),z)\,\alpha\,(\overline{A})\}\,(e_1-x)$$

と修正される．(14)に対応する式は

$$\pi_i(\overline{A},\overline{A}) - \pi_i(\overline{A},\underline{A}) = \{C(\overline{A}-x) - C(\overline{A}-e_1)\} - \Pi(y(\underline{A}),z)\,\alpha(\underline{A})$$
$$(e_1-x) - (1/2)\{\Pi(y(\overline{A}),z)\,\alpha(\overline{A}) - \pi(y(\underline{A}),z)\,\alpha(\underline{A})\}\,(e_1-x)$$

と書き換えられて，ゼロの値をとる．また，企業が$\underline{A}$であるとき，$x=e_1$が満たされ，このインセンティブ課税による影響が生じないことから，誘因両立性の条件が満たされる．

6．おわりに

　本章における議論は，市場を活用する政策手段を用いるために，規制当局が果たすべき役割が論じられた．第2節で指摘されたことは，規制の基準を満たすような監視水準と課徴金を実施することは可能であるが，不法排出の発見が容易である，業界での圧力団体が存在することなどがこの公式的な適用を困難にしていることである．さらに，第3節では，企業によっては規制基準を達成することが容易である場合などは注意深い分析が必要であることが明らかにされた．第4節では，規制当局における活動がどの程度社会的な超過負担をもたらしているかということが，規制当局の活動に対する抑制的な要因として考慮されるべきであると論じられた．このような議論に加えて，第5節では，規制当局はインセンティブに関する課税制度を用意する必要があることが指摘された．インセンティブと規制活動の社会的な超過負担とを考慮して，課徴金と監視体制は，適正な体制に整備されるべきである．

　　付　記
　　本稿は田中廣滋（2001）をインセンティブ規制の関連を含めて大幅に加筆したものである．

　　　　　　　　　　　　注
　1）　期待課徴金が現実に(2)式よりも実際には低い水準に定められているという

疑問は，Harrington (1988), Greenberg (1984), Kambhu (1989), Heyes (1996) 等の多くの論者によっても色々の角度から分析されている．
2) 本章では課徴金や罰金などによる政府の収入が環境などの改善のための経費として支出されることが想定されている．規制当局にとっての収入が所得税の減額など一般財源として国民に還元されるモデル分析では，(7)式の（1 + λ）はλと修正される．この修正は以下の議論での主要な帰結には影響を与えない．

参考文献

Amacher, G.S.and A.S.Malik (1998), "Instrumental Choice When Regulators and Firms Bargain," *Journal of Environmental Economics and Management* 35, pp.225-241.

Greenberg, J.(1984), "Avoiding Tax-Avoidance," *Journal of Economic Theory* 32, pp.1-13.

Harrington, W. (1988), "Enforcement Leverage when Penalties are Restricted," *Journal of Public Economics* 37, pp.29-53.

Heyes, A.G. (1996), "Cutting Environmental Penalties to Protect the Environment," *Journal of Public Economics* 60, pp.251-265.

Kambhu, J.(1989),"Regulatory Standards, Non-Compliance and Enforcement," *Journal of Regulatory Economics* 1, pp.103-114.

Innes, R.(1999),"Remediation and Self-Reporting in Optimal Law Enforcement," *Journal of Public Economics* 72, pp.379-393.

Laffont,J.J.(1995),"Regulation, Moral Hazard and Insurance of Environmental Risks," *Journal of Public Economics* 58, pp.319-336.

Laffont, J.J. (2000), *Incentives and Political Economy*, Oxford University Press.

Livernois, J. and C.J.McKenna (1999), "Truth or Consequences : Enforcing Pollution Standards with Self-Reporting," *Journal of Public Economics* 71, pp.415-440.

田中廣滋（2001）「環境経済学のワンポイント講義（第4回）」『地球環境レポート』4号，165-168頁．

第 2 章

グリーン・ツーリズムと地域環境政策

1. はじめに

　本章の目的は，グリーン・ツーリズムの概念整理を行った上で，それを含む簡単な地域モデルを構成することによって，地域における環境政策としてのグリーン・ツーリズムの有効性と可能性を論じることにある．

　近年，グリーン・ツーリズム（あるいはエコツーリズム）への関心が，国内外を問わず高まりつつある．[1]グリーン・ツーリズムというサービス産業について，これを国際的な視野でみれば，主として，消費者＝高所得国の人々，供給者＝中・低所得国で文化的，自然的価値を保有する国の人々，ということであり，他方，国内では，消費者＝都市住民，供給者＝農村，漁村あるいは山間部で文化的，自然的価値を保全する人々，という図式で把握されることが多い．いずれも，消費者が供給地へ移動（トラベル）することによって消費が完結する．この限りにおいては，従来型の観光，たとえば自然豊かな大規模リゾート保養施設へと都市住民が向かい，ゴルフに興じるといった図式と変わるところはない．[2]しかし，このような巨大プロジェクト型の開発が，必ずしも成功したとは言いがたい点や，むしろ環境破壊の代名詞のようにさえなっている感のある現在，とくに，実行可能でかつ環境志向的な新たな枠組みが求められるの

は当然の経緯であろう．

このように，グリーン・ツーリズムといった施策が登場する背景には，地域の広狭に拘わりなく，これら地域間の経済的格差拡大の問題と同時に，供給者サイド（あるいは地域全体）における自然環境保全の困難性といった問題があるという客観的状況の中で，それが，消費者から供給者への所得移転を促すと同時に，地域の環境保全を維持することで，いわゆる持続可能な成長が図れるのではないかという期待がある．さらに，消費者たる都市部の居住者が，都市化，過密化の中で自然を破壊し自然環境を享受する機会を喪失しつつある現状からみて，自然環境の価値を再確認し，自然環境保全への支出拡大が準備されつつあるという事情も考えられる．

2000年12月に，農林水産省構造改善局が公表した『グリーン・ツーリズムの展開方向』に拠れば，需要者である都市住民ニーズの高まりの背景には，「ゆとり」，「やすらぎ」または「自然の希求」をキーワードとして，農業や林業体験への志向が強まっていることがあり，また，供給者である農村地域においては，「就業や副収入機会」の創出，ならびに「所得の向上」といった要求が高まっているという．2002年に予定されている小中学校での週休2日制の実施なども，物理的な環境整備に寄与すると考えられる．このような，グリーン・ツーリズムにかかわるサービスの需給両面からの量的拡大傾向を政策的に支える施策の端緒は，1994年に制定された『農村漁村滞在型余暇活動のための基盤整備の促進に関する法律』（いわゆるグリーン・ツーリズム法）に遡る．[3] また，2000年3月に閣議決定された『食料・農業・農村基本計画』においても，都市と農村の交流促進を通じた農村振興施策が謳われており，グリーン・ツーリズム政策の重要性が主張されている．

しかしながら，グリーン・ツーリズムの理念を，このような都市・農村における経済的格差解消といった限定的なものに矮小化させることはできない．グリーン・ツーリズムの論調は，むしろ，農村（あるいは自然資源国）における過剰な自然資源の利用による自然環境の悪化に対して，自然保全を行うことによって自然環境の価値を再確認しようとするものである（たとえば，Chapman

(2000) や Hussen (2000) を参照).[4] したがって，グリーン・ツーリズム政策の基本的理念は，第一義的には，農村を含む地域全体の環境保全と地域における一定水準の所得確保を両立させ，地域の持続可能な成長を可能ならしめることであり，グリーン・ツーリズムの進展が地域の環境破壊をもたらすことがあるとすれば，そうした政策自体，本末転倒と言わざるを得ない．

　本章では，以上の基本的視座に立って，グリーン・ツーリズムの理論モデルを構成し，グリーン・ツーリズムを推進するための最適な地域の管理・運営政策のあり方を検討しよう．次節では，地域における環境財としてのコモンプール財（CPRs＝Common Pool Resources）の特性を明確にした上で，その管理・運営の基本的考え方を概説する．3節では，コモンプール財を軸とした地域経済を，都市部と農村部の二地域に分割し，両者の経済的役割，交流関係とグリーン・ツーリズムの定式化を行う．4節では，そのような地域経済圏全体が，一つの圏域として機能すると仮定し，そこでの地域プランナーが図るべき最適地域環境政策のありかたを検討する．5節では，本章の梗概を与えた上で，グリーン・ツーリズムの将来像を展望する．

2．コモンプールとグリーン・ツーリズム

　前節で示したように，グリーン・ツーリズムの基本的な図式は，農村部における自然環境資源の供給と都市住民によるそれらの需要によって，都市から農村部へと所得が移転すると同時に，農村部における自然環境の保全を両立させる，というものであった．地域の把握方法としては，たとえば，都市対農村といった排他的・対抗的関係によるモデル化など，様々なアプローチが考えられるであろう．ここでは，地域をコモンプール財（CPRs）の共同利用圏域として把握しよう．[5]

　コモンプール財は，公共財とは異なり，当該地域にあって，その地域住民や企業などにとって，非排除可能であるが競合性のある財であると考えられる．地域の人々は，「誰のものでもなく皆のものである」という意味で，誰もがコ

モンプール財にアクセス可能であるが，ある人の利用は他の人の利用制限へと導く可能性がある．具体的には，地域の自然環境を構成する最も基本的な要素である「山野河海」が想起できる．地域住民は，その所有関係に関係なく，日常的に「山野河海」と対峙しその恩恵を受けている．しかし，「誰のものでもない」ことの故に，一方で，過度に（あるいは不適切に）コモンプール財を利用することが，地域の自然破壊（森林破壊，水質汚濁や土壌汚染など）をもたらしてきたこともまた事実である．コモンプール財の過度の利用は，人々の個々の厚生水準を最大化するという意味で合理的な行動の結果，地域全体に悪影響を及ぼし，人々の受け取る平均的な収益を反って減少させてしまうという，コモンプールの外部性と呼ばれる事象を帰結させる．このことを図1によって説明しよう．図1は，地域の人々が，横軸で表される（フロー量の）コモンプール財 R を投入することで，一定の実質所得 Y が獲得できる状況（これを $Y=F(R)$ で表そう）を示している．この場合，コモンプール財の価格が r であるとすれば，人々は，$r×R$ に等しいコストを支払って Y を手に入れることになる．社会の厚生水準が所得のみで計られている場合，社会的な最適性は，純所得 $Y-r×R$ が最大になる状態で実現され，これは図1の点Eに他ならない．

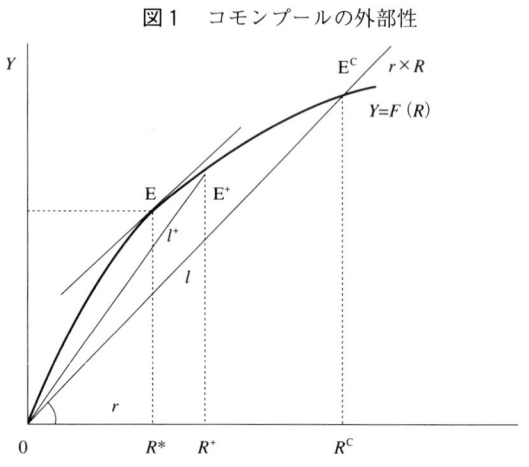

図1 コモンプールの外部性

しかしながら，当該地域では，点Eを実現させるコモンプール財の利用量R^*よりも過大な利用を行おうとするインセンティブが常に働く．その理由は，コモンプール財が非排除的であるために，追加的な利用に対する排除が不可能であることと，さらに，追加的利用者が支払うべき追加的な限界費用（図1の直線lの傾き＝r）が，この利用者が受け取ることのできる限界所得（図1の直線l^+の傾き）よりも下回る場合——たとえばR^+の水準で行われる場合——には追加的な利用を行うことが有利となるからである．このような事情は，曲線$Y=F(R)$が直線lを上回る限り続くので，結局，コモンプール財は最大で点E^cに対応する水準R^cまで利用されることになる．このようにして，社会的に効率的な水準以上に過度なコモンプール財の利用が進行し，コモンプールの外部性が発現する．

地域にあって，「山野河海」のような共同の自然資源を利用する場合，人々の行動は互いに独立ではなく影響を及ぼしあっている．その意味で，地域におけるコモンプール財の共同管理・運営のルール形成が必要になるという主張は，自然な論理的帰結であろう．

ところで，われわれは別のところで，地域＝流域圏としての理解することの重要性と現実性を論じた．流域圏という概念で地域を観察した場合においても，前節で言及した地域(内)格差は深刻である．たとえば，わが国にあっては，多くの場合，海岸線に面した河口付近すなわち下流域から中流域において，都市化＝人口の集積が過度に進む一方で，中流域から上流域については，むしろ，農村・山村地域として過疎化が進行している．工業化，商業化の進む都市部での高所得化に対して，農村・山村地域では，高齢化などの諸問題を抱えながら，農業生産力の相対的低下による所得の停滞状況がある．しかし，その一方で，都市部では，その代償として様々な都市問題や環境破壊が進行し，農村・山村においても自然環境の悪化が懸念されている．このように，地域における過度なコモンプール財利用が，地域全体の生存基盤である自然環境の悪化をもたらしているとき，たとえば，都市住民の森林税の支払い等に例示されるように，都市から農村への所得移転によって，まず上流域での環境保全からスタートさ

せようとする方策は，共同の管理・運営ルール形成へむけた第一歩であるように思われる．都市住民の環境保全への支出増大による意識変化と併せて，農村や山村における所得向上によって，雇用が安定的に確保され，創意に満ちた自主的・自発的な地域リーダーの形成が進むことによって，地域全体の所得格差解消と自然環境の保全が同時に展望できる可能性があると思われる．

このように考えてくると，グリーン・ツーリズムを促す政策は，地域のコモンプール財の管理・運営ルール形成を視野に入れながら，同時に上述のような目的実現のために企図されるべき有力な地域環境政策の一つであると思われる．

3．グリーン・ツーリズムのモデル分析

ここでは，流域圏で代表される地域におけるモデルを構成し，そこでの所得格差解消と自然環境保全を目指す施策としてのグリーン・ツーリズムを検討しよう．なお，本節で展開されるモデルは，Yabuta(2000)で検討されたモデルに若干の修正を施したものである．

当該地域内を都市（人口集中地域）と農村地域の二地域に分割できるものと想定し，それぞれの地域における人口を n_1, n_2 とし，当該地域全体の総人口を n としよう．したがって，

$$n_1 + n_2 = n \tag{1}$$

である．農村人口と都市人口の比率を $\delta(=n_2/n_1)$ と定義しよう．都市は，いわゆる生産都市であって，自然資源であるコモンプール財 R を直接に投入財として利用する．都市の生産活動は，自然資源のストックそのものに影響を及ぼすばかりでなく，自然環境に対して悪影響を及ぼしている状況を想定する．他方，単純化のために，農村は，農業やグリーン・ツーリズムで代表されるように——アメニティ利用のように自然資源に直接影響することはないという意味で——自然環境にやさしい生産活動を行っているものと想定する．

都市における生産 x_1——工業生産物など——は，コモンプール財 R と労働

n_1 を利用して行なわれると考え,

$$x_1 = f^1(n_1, R), \quad f^1{}_1 > 0, \quad f^1{}_{11} < 0, \quad f^1{}_2 > 0, \quad f^1{}_{22} < 0, \quad f^1{}_{12} = f^1{}_{21} = 0 \quad (2)$$

の形で表される生産関数を想定しよう．(2)の偏導関数に関する符号条件のうち最後のものは，ある財の追加的投入が他投入財の限界生産力を高めることはないことを意味している．都市での生産が自然資源（したがって自然環境）に対して一定の悪影響をもたらすことを考慮して

$$q = q(x_1), \quad q \geqq 0, \quad q' > 0 \quad (3)$$

で示される環境破壊 q を導入しよう．(3)は，都市における環境破壊がその生産活動水準に依存していることを意味している．ところで，通常は，人々の環境破壊的な活動に対して環境税などのペナルティが課せられるべきであろうが，(3)で示される社会的費用を正確に評価できないために，直接，負担分を生産者に賦課することができないという現実がある．そこで，ここでは，当該地域における R の利用にあたって，生産規模に応じて比例的に環境税 T を

$$T = t \, p_1 x_1 \quad (4)$$

の形式で賦課すると考える．都市部の生産において，利潤 π は

$$\pi = p_1 x_1 - w_1 n_1 - t \, p_1 x_1 - r R = (1-t) p_1 x_1 - w_1 n_1 - r R \quad (5)$$

となる．ここで，w_1 は都市での名目賃金であり，r は単位資源投入コストである．ここでは，明らかに都市における代表的企業の最適な雇用政策ならび自然資源投入は

$$w_1/p_1 = (1-t) \, f^1{}_1(n_1, R) \quad (6\text{-}1)$$

$$r/p_1 = (1-t) \, f^1{}_2(n_1, R) \quad (6\text{-}2)$$

である．[6] 完全競争的な企業の下で，都市生産物の価格 p_1 は所与であるとしよう．

都市での生産に対する需給均衡は

$$p_1 x_1 = x_{10} + (1-\alpha) w_1 n_1 + w_2 n_2 \quad (7)$$

で与えられる．都市部の生活者 n_1 は，所得 $w_1 n_1$ の一定割合 $(1-\alpha)$ を都市部での生産物の購入のために支出し，残りを農村で提供されるグリーン・ツーリズムで代表される環境関連サービスの消費に充てる．他方，農村の生産者 n_2

は，その所得 $w_2 n_2$ をすべて工業生産物の消費に充てると考えよう．x_{10} は，当該地域以外の地域への移輸出などの名目独立需要を表している．[7)]

ところで，農村地域での主要な生産物は，グリーン・ツーリズムなどの環境志向的サービス x_2 の生産であって，

$$x_2 = f^2(n_2), \ f^{2'}(n_2) > 0, \ f^{2''}(n_2) < 0 \tag{8}$$

で表されるとしよう．また，グリーン・ツーリズムのような環境志向的なサービス部門は，都市部の企業が利潤最大化を行うのとは異なり，平均原理で行動するような NPO タイプの生産主体であると仮定する．したがって，農村部の名目賃金 w_2 の水準は

$$w_2 = \frac{p_2 x_2}{n_2} = \frac{p_2 f^2(n_2)}{n_2} \tag{9}$$

で与えられる．グリーン・ツーリズムのサービスに対する需給均衡条件は

$$p_2 x_2 = x_{20} + \alpha w_1 n_1 \tag{10}$$

である．ここで，(10)式の右辺第1項 (x_{20}) は，当該地域以外からのグリーン・ツーリズムに対する名目独立需要を表し，第2項は都市部からの需要を表している．

両地域の需給均衡条件(7)，(10)を適当に変形すれば，人口が(1)の形で制約を受けている地域均衡は

$$p_1 f^1(n_1, R) = x_{10} + (1-\alpha)(1-t) \ p_1 f^1{}_1(n_1, R) n_1 + p_2 f^2(n_2)$$
$$p_2 f^2(n_2) = x_{20} + \alpha (1-t) p_1 f^1{}_1(n_1, R) n_1 \tag{11}$$

の2つの式に(1)を加えた体系の解として均衡解が定まる．方程式の体系を，価格決定系として考える場合には，n_1 と n_2 を所与として，均衡価格ベクトルを含む (p_1^*, p_2^*, R^*) を考えることができる．他方，数量系で考えた場合には，p_1 と p_2 を所与として，均衡の (n_1^*, n_2^*, R^*) が決まることになる．[8)] われわれが，本章で想定している地域（＝流域圏）は，わが国全体をマクロ的に把握した場合きわめて小さいと思われる．したがって，他地域との財・サービスの生産に関する地域間競争が生じていると考えられ，当該地域が価格決定力をもつとは想定しがたい．このような理由から，ここでは，所与の価格ベクトルのも

とでの数量系モデルを想定して分析を行おう．

仮に，当該地域で，自然資源 R^* の利用による（物理的な意味だけではなく，外部性への認識がないなどの社会的意味を含めて）環境悪化問題などの制約条件が作用しない場合には，これらの体系は長期の均衡をも表す．このように，地域環境問題が何ら問題になっていない場合，専ら，地域問題は経済的な格差問題——すなわち，都市と農村間の所得格差——がクローズアップされるであろう．均衡解において，(6-1)と(9)を考慮し，さらに(11)の第2式に着目することで，両地域の賃金格差 w が

$$w \equiv \frac{w_1}{w_2} = \frac{p\delta(1-\eta)}{\alpha} \qquad (12)$$

で表されることがわかる．[9] ここで，$\eta = x_{20}/f^2(n_2) < 1$ であり，当該農村での環境サービス需要の外需依存度を示す．また，$p = p_1/p_2$ は相対価格を表す．(12)より，都市賃金と農村賃金の格差は，農村でのグリーン・ツーリズムなどの環境サービスに対する外需依存度が低いほど，都市からの環境サービスに対する支出比率が小さいほど，また農村生産物の価格に比しての都市生産物の相対価格が大きいほど，大きいことがわかる．たとえば，$p=2$，$\delta=0.1$，$\eta=0.4$，$\alpha=0.1$ とすれば，$w_1 = 6/5 \times w_2$ となり，都市部の賃金は農村部に比して20%高くなることがわかる．[10] (12)式の限りにおいて，賃金格差が解消されるためには，p の低下（p_2 の相対的上昇），または，η や α の上昇が必要であることがわかる．このことから，都市と農村の賃金格差に関する限り，これらパラメータの操作が有効な効果をもつことが期待される．このようなパラメータ操作の政策的内容は明らかであろう．旧来の農産物支持価格制度や農村地域の産業振興にかかわる様々な施策，あるいはリゾート開発なども，これらのいずれかのパラメータ変化を企図したものであったと考えられる．特に，巨大プロジェクトによるリゾート開発の姿は，政府が火急に η や α を引き上げようとする施策であったと解釈することができる．

ところで，(11)において人口制約がバインドしない場合には，形式上(1)を除いて，各時点におけるコモンプール財の利用水準 R を先決変数として与える

ことで，それに対応した n_1 と n_2 （したがって x_1 と x_2）が決定される．つまり，この場合には，当該地域においてコモンプール財のフロー量としての利用が限定されており，この制約下で地域の雇用や所得水準が決まると考えられる．このとき，

$$n_i = n_i(R;\nu),\ dn_i/dR < 0,\ i=1,2 \qquad (13)$$

であり，

$$w_i = w_i(R;\nu),\ dw_i/dR > 0,\ i=1,2 \qquad (14)$$

となることがわかる．ここで，ν は，$(x_{10}, x_{20}, \alpha, t, p_1, p_2)$ を要素とするパラメータのベクトルである．[11]

(13)式において，他の事情にして等しいとき，地域のコモンプール財の利用増大が各地域における雇用水準を減少させる理由は，まず，都市部でのより大きいコモンプール財の利用によって，労働との代替が生じ雇用の減少が生じるが，これが都市生産物への需要を減少させると同時に，グリーン・ツーリズムへの需要を減退させる結果，農村での生産活動が停滞するからである．一方，(14)式は，都市部で利用されるコモンプール財の投入量 R の拡大によって，都市部と農村部両方での賃金上昇がもたらされることを表している．理論的には追加的な R の利用が，賃金格差 w にどのように影響するかは確定できないが，地域の発展過程では，都市部と農村部との賃金格差がむしろ拡大したという現実を踏まえた場合，$dw_1/dR = w_1' > dw_2/dR = w_2'$ と仮定することは許されるであろう．

(13)および(14)に関して比較静学分析を行えば，ν の変更（ここでは，各パラメータの上昇）がもたらす影響は表1のようにまとめることができる．

表1 パラメータ変化の影響

	x_{10}	x_{20}	α	t	p_1	p_2
n_1	+	+	−	−	−	0
n_2	+	+	+	−	−+	−
w_1	+	+	−	−	+	0
w_2	−	−	−	+	+−	+

表1について，まず外生需要の影響や都市生活者の消費パターン変化の影響は，通常期待される通りであろう．都市住民がよりグリーン・ツーリズム志向的な消費パターンをもつことによって，農村での生産拡大が生じ雇用が増大する．環境税の強化は，両地域での就業人口，したがって生産水準を減少させる効果をもつ．一方，農村におけるグリーン・ツーリズムのサービス価格の上昇は，都市人口へは影響せず，実質需要の減退によって農村における就業人口を減少させる．一方，都市生産物価格の上昇の影響は都市人口自体を減少させるものの，農村人口に関しては $ad\ hoc$ には定まらない．p_1 の上昇は，都市生活者の農村向けの名目支出額を増大させるものの，それに関る需要人口が減少するからである．

次に，両地域の名目賃金へ及ぼす影響については，両地域への影響パターンが大きく異なっている点に注意する必要がある．外生需要の増大は，都市賃金を上昇させる反面，農村賃金を低下させる．都市生活者の消費パターンが，よりグリーン・ツーリズム志向的となっても農村賃金の上昇へとは結びつかない．環境税の引き上げの効果は，都市賃金の低下と農村賃金の上昇というように相反する効果をもつことがわかる．農村における生産関数(8)は R を陽表的に含まないけれども，たとえば都市における R の投入が増大すれば，都市の生産水準が変化し，間接的に農村のサービス生産活動に影響することを，(13)や(14)の各式は示している．[12]

ところで，自然資源投入 R の増大は，それ自身が生産を増大させる直接効果の他に，労働の自然資源への要素代替によって生産を減少させる間接効果がある．(2)において，

$$x_1 = f^1(n_1(R), R) = x_1(R) \tag{15}$$

となる．以下では，自然資源の投入増大は，最終的に生産増大をもたらすと考えた方が現実的であると考えられることから，

$$dx_1/dR = f^1{}_1(dn_1/dR) + f^1{}_2 > 0 \tag{16}$$

を想定しよう．

(15)式は，都市と農村における生産に関して，投入財としての労働と環境財

が互いに代替関係にあることを示している．(14)式は，(13)式を(6-1)と(9)の各式に代入することによって得られるが，自然資源の投入量を増加させる限り，両地域で得られる実質賃金水準が増大することを意味する．重要なことは，両地域でそれぞれ所得水準の向上を目指すためには，一方で，自然資源をより多く投入しなければならない事実である．こうして，当該地域におけるコモンプール財の長期的に最適な管理・運営政策にあっては，生活水準の向上と環境保全のトレードオフ問題が内在化することになる．

4．グリーン・ツーリズムとコモンプールの最適管理政策

前節のモデルは，数量調整モデル——(11)式で示される——として，(n_1, n_2, R) を内生変数とする体系として表された．したがって，各地域の経済発展の中で成長制約となりうるのは，「人口」および「環境」である．人口制約を考えることも重要な課題ではあろうが，環境問題を検討する本章の目的からして，以下では「環境」制約に問題点を絞ろう．それゆえ，ここでの問題は，人口の変動（n_1+n_2 の総和の変動）を認めた上で，最適なコモンプール財の生み出すフロー量（＝「幸」）R の利用量を求めることである．

当該地域における環境制約を考えよう．地域環境ストックの水準を N とし，環境自身の自然的再生条件を再生関数 $F(N)$ で表そう．しかし，環境ストックは，生産のための「幸」である R の利用などによって疲弊する．そこで，N の状態的変化を

$$\dot{N}=F(N)-q(x_1)-R+\beta T, \ \beta>0 \qquad (17)$$

で表そう．ここで，ドット（・）は，時間あたりの変化分を表す．(17)式右辺の最後の項は，環境税収入を原資として自然ストックの保全が行われる効果（すなわち，社会的費用負担による環境改善効果）を考慮したものである．以下では，単純化のために，上に凸なベル型の二次関数

$$F(N)=a(N_0-N)N, \ F'(N)=a(N_0-2N), a>0 \qquad (18)$$

で表される再生関数を仮定しよう．[13]

ところで，当該地域において最適化されるべき目的関数はどのようなものであろうか．目的関数それ自体は，各地域毎に，その歴史的，文化的ならびに政治的状況，地理的制約条件，あるいは国土計画を上位計画とする計画序列の体系に依存して，様々なものが考えられるであろう．以下では，当該地域における地域プランナーが，都市と農村における各住民の厚生水準を最大化するような功利主義タイプの目的関数を想定しよう．当該地域での一人当たり効用指標を

$$u = u(w_1(R), w_2(R), N) \equiv u(R, N)$$
$$= [w_1^\phi w_2^{1-\phi} + \psi N], \quad 1 \geq \phi \geq 0, \ \psi \geq 0 \qquad (19)$$

で表そう．準線型効用関数の形が想定された(19)式において，たとえば，$\phi = 1$の場合，農村生活者の所得で計った厚生は無視され，都市生活に関る厚生水準のみが考慮され，逆に，$\phi = 0$の場合には，農村生活者の厚生水準のみが考慮されて，計画立案が行われることになる．また，ψは人々の環境重視の態度に関するウエイトを表しており，$\psi = 0$の場合には，まったく環境への配慮が行われないまま計画立案が行われることになる．(19)は，結局のところ，人々が各地域で生活するにあたって，所得水準と環境水準のいずれもがより良好な状態を望んでいる事を示唆している．

このとき地域プランナーの目的関数は

$$\max_R \to W = \int_0^\infty [u(w_1, w_2, N)] e^{-\rho t} dt \qquad (20)$$

となる．ここで，$\rho (\geq 0)$は社会的割引率である．[14]

他方で，最適化問題を規定する状態変数の変動を表す(17)については，

$$\dot{N} = F(N) - R - Q(R) \qquad (21)$$

と書く事ができる．ここで，

$$Q(R) = q(x_1(R)) - \beta t x_1(R) \qquad (22)$$

であり，$Q(R)$は，当該地域における都市部での経済活動に関して，コモンプール財の利用がもたらす間接的な環境への純負荷を意味している．単純化のために，$Q(R)$をRに関して線形近似した

$$Q(R) \cong [(q'-\beta t)dx_1/dR]R = h(t,\beta)R > 0, \ h_1 < 0, h_2 < 0 \qquad (23)$$

を想定しよう. (18)および(23)の各式より, (18)式は

$$\dot{N} = a(N_0-N)N - (1+h(t,\beta))R \qquad (24)$$

と書くことができる.[15] (24)式において, $1+h>1$ の場合には, 当該地域でのコモンプール財利用の自然環境への純負荷がプラスであることを示している ($0<1+h<1$ のときは逆). もちろん, 環境税の強化や社会的費用負担の効果増大などは h の値そのものを低下させるであろう.

こうして, グリーン・ツーリズムを含む地域環境政策問題は

$$\max \to W = \int_0^\infty u(w_1(R), w_2(R), N) e^{-\rho t} dt$$
$$\text{subject to} \quad \dot{N} = a(N_0-N)N - (1+h)R,$$
$$\text{and} \quad N(0) = N_0, \ \lim_{t \to \infty} N(t) \geqq 0 \qquad (25)$$

に集約される. 結局, 当該地域の地域プランナーは, (25)において, コモンプール財のストック制約を受けながら, そのフローの利用量 R を毎期最適に制御していくという最適制御政策を実行することが要求される.

地域最適化問題である(25)を解こう. まず, 経常値ハミルトニアン H は

$$H = u(w_1(R), w_2(R), N) + \lambda[a(N_0-N)N - (1+h)R] \qquad (26)$$

である. これより, 内点解の存在を仮定すれば, 最適化の必要条件として

$$\frac{\partial H}{\partial R} = [u_1 w_1' + u_2 w_2'] - \lambda(1+h) = 0 \qquad (27)$$

$$\dot{\lambda} = \frac{\partial H}{\partial N} + \rho\lambda = \lambda[\rho - a(N_0-2N)] - \psi \qquad (28)$$

を得る.[16] ただし,

$$u_1 w_1' + u_2 w_2' = \phi \left(\frac{w_1}{w_2}\right)^{\phi-1} w_1' + (1-\phi)\left(\frac{w_1}{w_2}\right)^\phi w_2' \equiv u_R(w;\phi) > 0, \ u_{RR} < 0 \qquad (29)$$

である. (27)において λ はシャドウプライスを表し, 1単位の自然資源投入がもたらす自然資源ストックの限界的喪失（限界費用）が, それによって実現さ

れる賃金上昇のもたらす限界的厚生の増加（限界便益）に等しいことを意味している．(29)式において，前節の仮定を考慮すれば，

$$u_R(w;0)=w_2'<w_1'=u_R(w;1) \qquad (30)$$

となることに注意しよう．このことは，都市と農村部の賃金格差があるときには，都市での生産に利用されるコモンプールの利用増大による所得増がもたらす地域の厚生水準拡大の限界効果は，地域プランナーが，都市住民の厚生のみを重視するケースの方が，その逆のケースに比してより大きいことを意味している．

(27)を λ で整理して時間で全微分し，これを(28)に代入すれば，R に関する微分方程式に集約できて

$$\dot{R}=\frac{u_R}{u_{RR}}\left[\rho-a(N_0-2N)-(1+h)\frac{\psi}{u_R}\right] \qquad (31)$$

と書くことができる．(31)と状態方程式(24)の2つの式が，(N, R) 平面における動学方程式を構成する．図2は，(24)と(31)式で与えられるシステムがもたらす動学経路と均衡を表している．これらの動学経路のうち横断性条件を満たすものは，以下で与えられる均衡 (N^*, R^*) へと向かう解経路である．[17]

図2の示す位相的特性を明らかにしよう．(24)ならびに(31)により

$$\left.\frac{dR}{dN}\right|_{\dot{R}=0}=-\frac{u_R^2}{\psi u_{RR}}\left(\frac{2a}{1+h}\right)>0, \quad \left.\frac{dR}{dN}\right|_{\dot{N}=0}=\frac{a(N_0-2N)}{1+h} \qquad (32)$$

をえる．一方，

$$\dot{R}=0 \Leftrightarrow \rho-a(N_0-2N)-(1+h)\psi/u_R=0 \qquad (33)$$

であることから，$R\to 0$ のとき $u_R\to\infty$ を仮定すれば，$N\to N^{**}=N_0/2-\rho/2a$ となる．したがって，$\dot{R}=0$ 曲線は，図2にあるように，$R\to 0$ につれて漸近的に $(0, N^{**})$ に接近する形状を示す．[18]

次に均衡点が，鞍点になることを示そう．(24)と(31)式からなるシステムを均衡点で評価したヤコービ行列式 D を計算すれば，

$$D=(1+h)\frac{u_R}{u_{RR}}\left[a(N_0-2N)\frac{\psi u_{RR}}{u_R^2}+2a\right]<0 \quad for \; N>N_0/2 \qquad (34)$$

となる.D はヤコービ行列の固有値の積に他ならないので,(34)式より2つの固有値は異符号であり均衡点が鞍点であることがわかる.[19)]

体系の均衡点は,$\dot{N}=\dot{R}=0$ のときに与えられる.したがって,均衡は,(24)と(31)両式の左辺$=0$とおくことによって,

$$N^* = \frac{1}{2}N_0 + \frac{1}{2a}((1+h)MRS_{RN} - \rho) \tag{35}$$

$$R^* = \frac{a}{(1+h)}(N_0 - N^*)N^* \tag{36}$$

を満たす (N^*, R^*) となる.ただし,$MRS_{RN}(=\psi/u_R)$ は,自然資源の投入 R によって得られる所得で計った,環境財であるコモンプール財のストック量 N の限界代替率である.言うまでもなく,MRS_{RN} がより大きいほど,当該地域において自然環境がより重要視されていると考えられる.(30)を考慮した場合,地域プランナーの政策スタンスが都市本位であるケースでは,u_R が大きくなり,MRS_{RN} は小さくなる.このように,当該地域における自然環境保全へむけた行動パターンは,地域プランナーの政策スタンスが,都市部重視的である

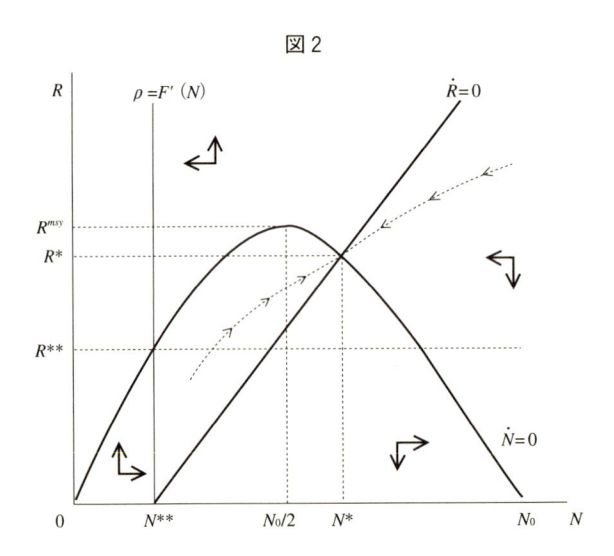

図2

か否かに依存している.

地域の最適管理計画に関連して,地域プランナーが将来世代の厚生をどのように評価するかは重要である. (31)において,社会的割引率ρが大きいほど——つまり,将来世代の厚生を軽視すればするほど——自然資源ストックNは減じられ,反対に,ρが小さく将来世代へ向けた配慮が大きいほど大きくなることがわかる.

5. 地域環境政策としてのグリーン・ツーリズム

前節で展開された地域モデルから得られる政策的インプリケーションは,どのようなものであろうか. 理論モデルの限界性を認めた上で,以下では,コモンプール財の最適管理政策とグリーン・ツーリズム政策のインプリケーションをまとめておこう.

本章では,当該地域にあって生活者の厚生水準の最大化を目指す地域プランナーが存在すると仮定した. 地域プランナーは,与えられた環境ストックの初期水準にあって,特に都市部での生産活動で必要とされる適切な資源投入Rのフロー量を制御・管理することによって,長期的に厚生水準を最大化しながら,なおかつ,均衡の環境ストック水準N^*へと導くような,誘導型のコモンプール利用量Rの管理を実行することが可能である. この解経路が,コモンプール財の最適な管理・運営政策に他ならない. 一方,長期均衡が実現されたとしても,均衡においての都市部と農村部との経済的格差が問題となりえる. つまり,(12)ならびに(14)で定められる$w(R^*)$が,1よりも十分大きい場合が生じえる. この場合,賃金格差解消のためには,(i)都市住民のグリーン・ツーリズムへのサービス支出割合の拡大,(ii)当該地域に対する域外からのグリーン・ツーリズム需要の拡大,ならびに(iii)グリーン・ツーリズム価格の(都市生産物に比しての)相対的支持政策,などが有効であることは,すでに(12)式のところで検討した. 他方,より大きなコモンプール財利用が,農村賃金に比して都市賃金をより拡大させるという仮定のもとでは,均衡でのコモンプール

の利用量R^*を減少に導く施策も重要なものとなりえる．㉓, ㉟ならびに㊱式を考慮すれば，このための付随的な施策として，nの上昇をもたらすような施策，すなわち(iv) 都市部におけるコモンプール利用に関する環境税の引き上げ，あるいは(v) 環境税を原資とする効率的かつ改善的な環境保全へ向けた支出政策，なども有効な賃金格差解消策となりうると考えられる．

ところで，グリーン・ツーリズムに関する具体的な政府の政策スタンスを検討する上で，すでに第1節で言及した，農林水産省の『グリーン・ツーリズムの展開方向』が参考になる．この中で，グリーン・ツーリズムを活性化する施策として，① 政策目標に基づくグリーン・ツーリズム人口の増加，② 都市住民への情報提供，③ 農業・農村の受け入れ体制の整備，④ これらを結びつける全国的な体制の整備，などが列挙されており，これらの拡充のための予算措置（平成13年度は10億円程度）を図ることが明記されている．これらの政策は，理論上は，先に列挙した(i)から(iii)に対応している．しかし，現実には，リゾート開発期に見受けられたような地域の環境破壊へと繋がるケースが，グリーン・ツーリズムの展開時にも十分生起しうる可能性がある点を銘記すべきであろう．そのような危険性がある場合には，むしろ，(iv)や(v)などの施策も併せ遂行する必要があると思われる．

本章では，地域プランナーの存在を仮定した．この仮定は，本章で考察したような流域圏あるいは共同のコモンプール財の利用とストックの圏域において，共同の管理・運営ルールが形成され，遂行されていることを意味している．したがって，このような管理・運営ルールが有効に形成されている状況下では，当該地域がグリーン・ツーリズム政策を内生的・自発的に企画・立案するというスタンスがあり，行政がそれを積極的にバックアップするという姿が望ましいもののように思われる．いずれにしても，余暇の時代，地方の時代にあって，環境保全と両立する限りにおいて，グリーン・ツーリズムをめぐる環境整備などの推進が今後いっそう望まれる所である．

注

1) グリーン・ツーリズムの定義ならびに用語法は，多岐にわたっている．諸外国では「エコツーリズム」という表現が多く，「ルーラルツーリズム」や「アグロツーリズム」といった語法もある．わが国では，一般に「グリーン・ツーリズム」という言葉が使われている．

2) もっとも，供給者が自然環境保全主体でかつ開発主体であったかというとそうではない．従来型のリゾート開発にあっては，必ずしも供給者＝農村や山村の居住者（自治体）というものではなく，都市の巨大資本＝デベロッパーという図式が成り立つ場合が多い．第3セクター方式で自治体が関与したケースでも，開発にあたっての企画や事業予測については，大都市部の調査研究会社が行うケースがあり，いずれも，地域住民による自発的・主体的開発とは言い難い．グリーン・ツーリズムのアプローチは，これとはまったく異なり，いわば地域における開発主体と地域環境保全の一体化によるコモンズ（コモンプール財の管理・運営主体）の形成を企図するものでなければならない．このような視点から見れば，グリーン・ツーリズムの開発は，巨大経営・長期収支均衡型ではなく，比較的零細な経営による短期収支均衡をめざすものとなろう．

3) このような計画は，本来，地域の独自性を反映して自生的，内発的に生じてくるべきものである．その意味では，計画策定と遂行にあたっては，地方分権のあり方そのものが問われることになると思われる．それにもかかわらず，残念ながら，旧来の「国土計画→地域計画」という天下り的な性格はかならずしも払拭されていない．法律では，都道府県知事ならびに市町村によるグリーン・ツーリズム促進の計画策定を通じて，農家民宿等の整備事業の展開を図ることをめざしているが，自然環境を通じた交流や連携をめざすためには，むしろ従来の行政の枠内を超えた施策が必要になると考えられる．

4) Hussen は，コスタリカにおいて最近顕著な展開をみせる「エコツーリズム」が，森林資源の枯渇を招いた従来型の開発とは異なり，十分環境保全的であるとしたうえで，この新しい産業は「コスタリカにとって最も重要な自然資源である森林地帯やその多様な生産物の持続可能な利用と両立する経済を生み出す潜在的能力をもつように思われる」と述べている（第10章参照）．

5) 地域環境財としてのコモンプール財の利用については，今泉・藪田・井田（1995）および（1996），ならびに藪田（2000）参照．

6) ここで，都市における代表的企業の生産関数に関して，雇用の実質賃金弾力性 $\mu = -(dn_1/dw_1) \times (w_1/n_1)$ と定義すれば，$f^1_1 + n_1 f^1_{11} = w_1(1-1/\mu)$ となる．コブ・ダグラス型のような一般的な生産関数では $\mu > 1$ となり，この左辺の値は正値となる．

7) 都市部の生活者は，その所得 $w_1 n_1$ を所与として，都市生産物 x_1 と農村生産物 x_2 から得られる効用 $U = U(x_1, x_2)$ を最大化するように行動するであろう．ここで，コブ・ダグラス型の効用関数 $U = x_1^{1-\alpha} x_2^{\alpha}$ を仮定すれば，$1-\alpha : \alpha$

8) ここでは，生産物市場での需給バランスを考えているが，需給調整はもっぱら雇用調整を通じての生産（数量）調整で行われていると考えている．他方，(5)において都市での生産活動にとって投入コストとして計上されている r であるが，この支払いが，実際に行われているか否か，また誰に対して支払われるのかは必ずしも明らかではない．その意味では一種のシャドウプライスであると考えられる．ここでは，コモンプール財が本来持っている非排除性の性質を前提として，生産物の需給関係その他に影響しないと仮定している．

9) (6)と(9)において w_1 と w_2 の比をとれば，$w_1/w_2 = (1-t)\, p_1 f^1{}_1 n_2/p_2 f_2$ を得る．(11)の第2式を $f^1{}_1$ で解き，それをこの式に代入し整理することで(12)が得られる．

10) 農村・山村地域の所得（販売農家）を一般の勤労者世帯の所得と比較した場合，1人当たりベースでは，後者は前者に比して約15％程度高い（農水省『我が国における農村地域の位置づけ』平成9年7月，食料・農業・農村基本問題調査会資料による）．

11) (13)と(14)については，
$$dn_1/dR = -p_1 p_2 f^1{}_2 f^2{}_1 / \det A < 0$$
$$dn_2/dR = -a(1-t) p_1{}^2 f^1{}_2 \{f^1{}_1 + n_1 f^1{}_{11}\} / \det A < 0$$
が成り立つ．ここで，$\det A = p_2 f^2{}_1 \{t - (1-t) n_1 p_1 f^1{}_{11}\} > 0$ である．これより，
$$dw_1/dR = (1-t) p_1 f^1{}_{11}(dn_1/dR) > 0$$
$$dw_2/dR = p_2[(f^2{}_1 n_2 - f^2)(dn_2/dR)]/n^2{}_2 > 0$$
をえる．

12) ところで，自然資源投入 R の増大は，それ自身が生産を増大させる直接効果の他に，労働の自然資源への要素代替によって生産を減少させる間接効果がある．(2)において，$x_1 = f^1(n_1(R), R) = x_1(R)$，となる．以下では，自然資源の投入増大は，最終的に生産増大をもたらすと考えた方が現実的であると考えられることから，$dx_1/dR = f^1{}_1(dn_1/dR) + f^1{}_2 > 0$ を想定しよう．

13) 一般に再生可能資源に関しては，とくに森林や水産資源に適用されるケースが多い．この点に関しては，たとえば，藪田（2000）を参照．

14) (21)は，政策プランナーの目標設定に関する一つの定式化に過ぎないことに注意すべきである．仮に，都市と農村における賃金格差の最小化を目指すことのみが目標とされれば，おのずと(22)とは異なる定式化が必要となり，たとえば，$\min_R \to W = \int_0^\infty (w_1 - w_2)^2 e^{-\rho t} dt$ のような目標設定となるであろう．

15) このような分析上の仮定は必ずしも便宜的なものではなく，たとえば，Rauscher (1994)，Barbier & Rauscher (1994) をはじめとして広く一般的に想定されるタイプの純再生関数である．

16) 最適化の十分性は，ハミルトニアン H が，(N, R) に関して2回連続微分可能な凹関数となることである．R については，$\partial^2 H/\partial R^2 = u_{RR} = [u_{11} w_1' +$

$u_{12}w_2{}']w_1{}'+u_1w_1{}''+[u_{21}w_1{}'+u_{22}w_2{}']w_2{}'+u_2w_2{}''<0$ である．以下，この条件を仮定する．
17) この動学経路に関する横断性条件は，まず，通常のハミルトニアン H^* とその随伴変数 λ^* に関して，$t \to \infty$ のとき，$\lambda^* \to 0$ となることである．これは，$(1+h)\lambda^* = u_R e^{-\rho t}$ において，u_R は有界であることから成り立つことがわかる．また，H^* の定義から，$t \to \infty$ のとき $H^* \to 0$ であることも容易にわかる．
18) ㉟と㊱から，容易に，$R^* = R^{msy} - \dfrac{(MRS_{RN}-\rho)^2}{4a(1+h)} \leq R^{msy}$, $R^{msy} = \dfrac{N_0^2}{4(1+h)}$ を得る．ここで，R^{msy} は，所与の再生関数のもとで持続可能な最大資源投入量（maximum sustainable yield）を意味する．$R^* = R^{msy}$ となるのは，$MRS_{RN} = \rho$ のときに限られる．
19) ㉞式において，$N > N_0/2$ は，⑱式が示すように $F'(N) < 0$ を意味する．したがって，$F'(N) < 0$ は均衡が鞍点となるための十分条件である．㉟式を考慮した場合，この条件は明らかに，$(1+h)MRS_{RN} - \rho > 0$ であることと同値である．これは，自然環境への純負荷の環境ストックに対する限界代替率が，社会的割引率よりも大きいことを示している．以下では，この条件の成立するケースのみに限定して分析を行う．

参考文献

Barbier, E.B and Rauscher, M. (1994), "Trade, Tropical Deforestation and Policy Interventions," in *Trade, Innovation, Environment*, C.Carraro (ed.), Kluwer Academic Publishers, pp.55-74.

Chapman, D. (2000), *Environmental Economics: Theory, Application, and Policy*, Addison Wesley Longman.

Dasgupta, P. and Mäler, K-G.(1995), "Poverty, Institutions and the Environmental Resource-Base," in *Handbook of Development Economics*, (J.Behrman and T. N. Srinivasan ed.), North Holland.

Green Tourism Network URL (2001), http://www.greentourism.gr.jp/

Hanley, H., J.F Shogren and B.White, (1997), *Environmental Economics in Theory and Practice*, Macmillan Press.

Hussen, A.M. (2000), *Principles of Environmental Economics: Economics, Ecology and Public Policy*, Routledge.

今泉博国・藪田雅弘・井田貴志（1995）「コモンプールと環境政策の課題」『計画行政』第18巻4号，58-67頁．

Imaizumi, H, M.Yabuta and T.Ida (1996), "The Environmental Management and Common Pool Resources," in *5th World Congress of the RSAI Proceedings*, V, CS 3-8 A-2, 1-8.

Martin, P.(1999), "Public Policies, Regional Inequalities and Growth," *Journal of Public Economics*, 73, pp.85-105.

Mohtadi, H. (1996), "Environment, Growth and Optimal Policy Design," *Journal of Public Economics*, 63, pp.119-140.

Ostrom, E. (1990), *Governing the Commons: The Evolution of Institutions for Collective Action*, Cambridge University Press.

Ostrom, E., R.Gardner and J.Walker (1995), *Rules, Games & Common-Pool Resources*, University of Michigan Press.

Rauscher, M. (1994), "Foreign Trade and Renewable Resources," in *Trade, Innovation, Environment*, C.Carraro (ed.), Kluwer Academic Publishers, pp.109-121.

Smulders, S. (1998), "Technological Change, Economic Growth and Sustainability," in *Theory and Implementation of Economic Models for Sustainable Development*, Jeroen C.J.M.van den Berg and M.W.Hofkes eds. Kluwer Academic Publishers, pp.37-65.

藪田雅弘 (2000)「地域環境政策の課題」『地球環境レポート』No.2, 84-93頁.

Yabuta, M. (2000), *Ecotourism and the Optimal Environmental Policy for CPRs*, CRUGE Discussion Paper Series, No.10.

Yoshida, K. (2000), "Discrete Choice Analysis of Farm-Inn Tourism in Japan," in *Travel and Tourism Research Association 31st Annual Conference Proceedings*. (http://member.aol.com/mikiyoy/rs/gta1.htm による)

第 3 章

熱帯林の経済分析——草の根の環境保全の試み

1. はじめに

　熱帯林減少の要因については，焼畑，薪炭生産など開発途上国の貧困と，熱帯材貿易，フロンティア開発など経済発展との両面が指摘されている．そこで，熱帯林の問題は，貧困解消，環境保全を両立させる持続可能な開発の枠組みの中で，議論される必要があるが，以下では，熱帯林減少の要因を再検討しつつ，持続可能な林業と森林・生物多様性の保全の方法を考える．そして，地域コミュニティにおけるローカル・コモンズの管理，アグロフォレストリー，環境ネットワークに注目した草の根の環境保全を模索してみたい．

　はじめに森林面積の統計的把握に伴う困難について検証しておこう．第1は，森林の定義である．森林被覆率，森林密度を数値で明示し，森林を定義することは一見容易であるが，植林された人工林，プランテーション，家庭果樹園，灌木地域などを，どこまで森林に加えるか問題になる．地域ごとに樹種，植生，土地利用が異なれば，森林を画一的に定義することは難しい．FAO (Food and Agricultural Organization) による森林の定義は，天然のもしくは植林された樹木のある地域，伐採されていても植林される地域である．[1]天然林とは，住民に記憶にないほど古くから天然の樹木が大多数を構成している森林

で，森林には，森林被覆率10%以上の樹木と牧草地の混交地域，樹木が高さ7メートル以上に育つ可能性のある灌木地域も含まれる．こう定義した上で，FAOは毎年，各国政府に質問表を送付し，統計を作成しているが，回答がない場合には，非公式統計から土地利用を推計している．しかし，森林の中から熱帯林を区分することは困難で，WCMC（World Conservation Monitoring Center）では熱帯林を，「北回帰線と南回帰線の間にある森林」と単純化し，気候や標高による植生の差異を捨象している．FAOが熱帯材貿易統計を作成し始めたのも，1990年以降のことである．

　第2に，森林の観測方法の問題である．広大な森林であっても人工衛星によるスペクトル分析によって観測できるが，資金制約から国連にGTOS（Global Terrestrial Observing System）が設立されたのは，1996年になってである．GTOSではNASA（米国航空宇宙局）のランドサット（RANDSAT）など各国の人工衛星の協力を受けつつ，①1メートルの標本1万カ所の地表・土壌，②1平方キロメートルの標本1000カ所の穀物収穫・土地利用，③10平方キロメートルの標本100カ所のエネルギー・水・CO_2の循環，④1000平方キロメートルの標本10カ所の大気と地表の物質循環，を調査し，それを積み上げて生態系を明らかにする．GOFC（Global Observing of Forest Cover）の「森林資源アセスメント90」では，中南米，アフリカ，アジアの熱帯林の中から10%を無作為抽出し，1986～1991年にランドサットによって調査した．現在は「森林資源アセスメント2000」が継続されている．[2]このGOFCでは，①森林の特徴・変容，②森林火災の監視・マッピング，③森林における生物学的物質（CO_2など）循環，を研究課題としているが，焼畑のための火入れが大規模森林火災を引き起こした事例が観測されている．

　しかし，天然林と耕地，プランテーション，植林地，住宅が混在している場所では，土地利用区分が難しい．そこで，観測には，現地調査，航空機による調査など様々な手段を組み合わせる必要があり，ますます費用がかさみ，時間がかかることになる．つまり，森林の観測には，資金，時間，労力の制約が大きい．また，今後，観測技術が進歩しても，過去の森林の正確なデータが把握

できない，データの解析手法によって推計値が異なる，といった問題も残される．したがって，森林減少の統計は，森林の定義，観測方法，解析手法によって異なるのであって，その限界をふまえて利用する必要がある．

　開発途上国の天然林の面積は1990年17.7億ヘクタール，1995年17.0億ヘクタールで，1980～1990年は年平均0.8％減，1990～1995年は年平均0.7％減となった（表1参照）．天然林の減少面積が大きい地域は，コンゴ，ブラジル，インドネシアなど大国であるが，減少率ではマレーシア，タイ，フィリピン，カンボジアなどが1.6～3.6％減と高い．つまり，成長国や森林面積の小さい開発途上国のほうが，熱帯林が急速に減少している．こうして，熱帯林が減少すると，①CO_2排出増加・炭酸同化作用の低減による地球温暖化，②水食・風食などによる土壌侵食・砂漠化による農業・居住環境への悪影響，③薪炭・林産物の供給減少，④生物多様性の減少に伴うバイオテクノロジー・野生種取引などの収益減少，⑤精神的豊かさ・共生の実感の喪失，が生じる．

　熱帯林の減少によって，森林のもつCO_2吸収・貯蔵機能は減退し，CO_2排出増加への寄与度は10～30％と推計される．[3] つまり，森林の減少がCO_2排出を通じて，地球温暖化を促し，気候変動・海面上昇による農業の不振・居住環境悪化，降水パターン変化による砂漠化・洪水などを引き起こす．また，コミュニティ林から薪を採取し，葉・堆肥などを利用している現地住民にとって，森林減少は資源エネルギーの利用可能性を低下させる．しかし，温暖化の被害，薪炭・薬用動植物の喪失は，グローバルな市場で評価されることがない．

　生物多様性とは，遺伝子，種，生態系の多様性を意味するが，これも大きな利益を生む．生物種は，遺伝子の多様性から品種改良，医薬品の開発といったバイオテクノロジーに不可欠で，病虫害や天候への抵抗力が強靭な野生種は農産物・家畜の改良，化学物質の生成の際に不可欠である．また，漢方薬として5100種以上の動植物が使われ，開発途上国の30億人以上の人々が一次健康管理に用いている．しかし，1990年代，絶滅が心配される哺乳類の数は，インドネシア436種，ザイール415種，中国394種，ブラジル394種，インド316種，マレーシア286種，フィリピン153種と多い．同じく鳥類も500～1500種が絶滅の危機

表 1　森林減少と木材生産・農地

	天然林		薪炭増加率	用材増加率	プランテーション	耕地増加率	牧草地増加率
	面積	年平均減少率					
	1995(100万ha)	1980-90(%)	1990-95(%)	1983-95(%)	1983-95(%)	1980-90(%)	1982-94(%)	1982-94(%)
ブラジル	546.2	0.7	0.5	20	26	5	15.0	5.9
コンゴ	109.2	0.7	0.7	34	73	10	2.5	0.0
インドネシア	103.7	1.1	1.0	19	27	8	19.9	1.2
中国	99.5	0.4	0.5	21	10	4	−3.6	12.5
インド	50.4	0.6	0.5	22	8	14	0.5	−4.8
スーダン	41.4	1.0	0.8	31	30	6	3.3	12.2
ミャンマー	26.9	1.3	1.4	28	−7	18	−0.1	−1.8
カメルーン	19.6	0.6	0.6	32	24	14	1.2	0.0
マレーシア	15.3	2.1	2.5	29	15	15	46.6	8.9
タイ	11.1	3.4	2.8	16	−35	8	6.7	14.3
カンボジア	9.8	2.4	1.6	38	58	0	81.9	158.5
フィリピン	6.5	3.3	3.6	42	65	0	5.0	14.3
開発途上国	1701.6	0.8	0.7	20	19	9	4.8	4.6

注：天然林は森林被覆率10%以上，高さ7m以上となる樹木が生える灌木地域も含む．プランテーションは総森林面積から天然林面積を控除した近似値で1980〜90年の年平均増加率．耕地面積には永年作物（ココア，果樹，ゴム），家庭菜園を含む．牧草地は5年以上使用された永年牧草地で，一部は森林面積にも計上．薪炭，用材，耕地，牧草地の増加率は記載期間（10〜12年）の総増加率．開発途上国の天然林は熱帯地域のみ．
（出所）WRI (1998) tables 11.1, 11.3, 11.4より作成．

に瀕している．つまり，野生生物種絶滅の危惧は，特に熱帯林が減少している開発途上国で深刻である．[4]

　以上のように，熱帯林や生物多様性の減少は，市場を経ることなく多数の人々に被害がおよぶ外部不経済である．そして，熱帯林や生物多様性の喪失に伴う損害は，事後的な回復が困難で，環境悪化回復費用は，環境悪化防止費用よりも大きい．つまり，外部経済の喪失とその不可逆性に配慮すれば，予防原

則にしたがって，事前に森林・生物多様性を保全することが望まれる．

2．熱帯林減少の要因

2.1 薪炭生産

熱帯林減少の要因は，① 薪炭生産，② 用材生産，③ 熱帯材貿易，④ 焼畑と農地の拡大，⑤ 企業的フロンティア開発，が挙げられる．[5]そこで，以下では，これらの要因を順に再検討してみたい．

木材は用途別に，材木・合板・パルプ向けの用材と炊事・給湯・暖房用の薪炭とに二分されるが，先進工業国（ロシアなど旧ソ連の大半を除く）では共に生産量は減少し，開発途上国では共に増加している．1998年の用途別木材生産をみると，先進工業国では用材が10.9億立方メートルと大半であるが，開発途上国は

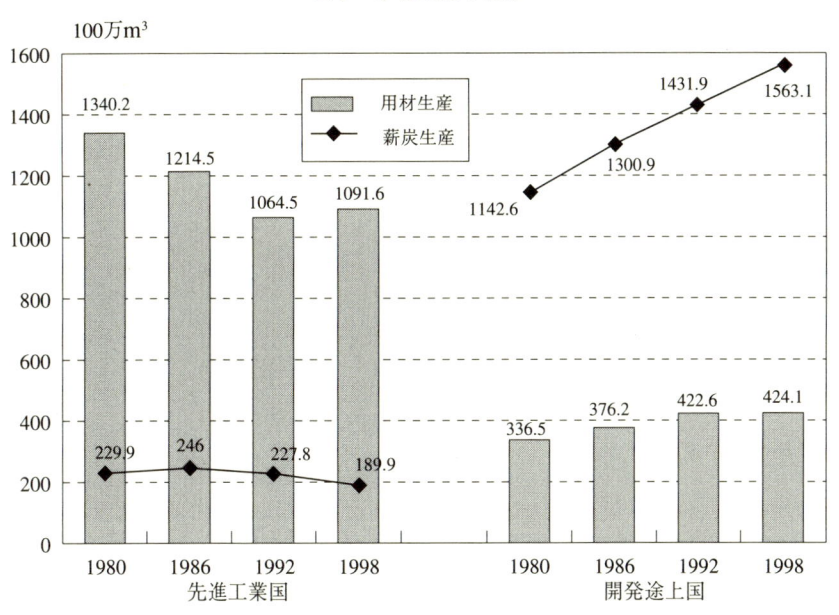

図1　木材生産の推移

（出所）http://apps.fao.org/lim500/nph-wrap.pl?Forestry.Primary&Domain=SUAより作成．

薪炭生産が15.6億立方㍍と薪炭比率（木材生産に対する薪炭生産の比率）が78.7％に達する（図1参照）．また，開発途上国の木材生産量は過去18年間で34.3％増，その大半は薪炭生産の増加である．開発途上国では，電気，ガスなどエネルギー関連のインフラサービスを受けられない人々が多く，炊飯器・電子レンジ・ガスレンジも保有しないために，炊事・調理に薪炭は不可欠である．カイコ繭からの糸繰り・生糸染色などの繊維産業，干物加工・塩漬け・魚醬製造などの食品加工業でも大量の薪炭を消費している．スーダンの1993/95年頃の薪炭比率は90.7％，1983～1995年の薪炭生産増加率は31％であり，乾燥地域の灌木を薪として採取し続け，熱帯林減少，砂漠化が進んでいる．インドの薪炭比率も91.6％と高く，薪炭生産増加率は用材生産増加率を上回る（表1参照）．マレーシアのように薪炭比率が20.7％と低く，森林減少に結びつく度合いが小さい国もあるが，薪炭比率の高い開発途上国では，薪炭生産が熱帯林減少に結びつくことは確かである．

　しかし，薪炭生産が熱帯林減少の主要因であるとの見解には，疑問もある．第1に，自家消費目的の薪炭は，市場取引されないために，電気・ガスの普及率から需要量を割り出し，人口増加率を斟酌して薪炭生産の増加を推計しているが，この方法には蓋然性が伴う．確かに，タイの標準家庭では薪を1人当たり年間1.23立方㍍，タイ全土で4400万立方㍍消費すると推計されている．これを適用すれば，世界の13億人の極度貧困者（1日当たり購買力平価換算で1㌦の支出が困難な人々）が消費する薪炭は16億立方㍍となり，FAO推計と一致する．しかし，タイの貧困世帯では，米をたいても，トウガラシの利いた生野菜以外にオカズがない場合も多い．そして，薪の節約にも心がけ，1日1回の炊事で済ます．木炭についても，村落内では庭先に穴を掘り，そこで自家消費用あるいは村落内販売用の炭焼きをする．木炭は軽量で運搬しやすいだけでなく，火力が強く安定しているから，薪よりもエネルギー効率（熱回収率）が高い．つまり，木炭を効率的に使用すれば，薪消費を節約できる．さらに，燃料には薪，木炭以外にも，籾殻，ココナツ殻，ヤシの葉，廃材も多用される．他方，薪炭消費量は，薪の乾燥ぐあい，くべ方はもちろん，調理・炊事に使用

するコンロの性能にも大きく依存する．鉄棒の間や石を並べた調理台も多いが，これでは熱回収率は15％に満たない．市販のコンクリートや粘土製のコンロでも，熱回収率は最低の23.5％から最高の32.4％まで格差は大きい．[6]これは，コンロの材質，通気口や窯の大きさ，コンロと鍋の間隔などが異なるためである．したがって，食事内容，炊事回数，木炭の普及，薪の代用品の普及，コンロの性能・利用方法（熱回収率の高さ）によっては，薪炭生産（消費）量はFAOの推計よりも遥かに少なくて済む．

第2に，薪炭生産が熱帯林減少を意味しないことである．日本昔話「桃太郎」の冒頭で，お爺さんが山に柴刈りに行くが，お爺さんはナタを片手に里山に入り，枝を打ち，焚き木を拾う．開発途上国の薪採取も同様に，地域コミュニティ周辺の森林での柴刈りである．そこで，薪採取は樹木の根元からの伐採を伴わないことが多く，柴刈り後，切られた枝は再生する．さらに，根元から伐採した樹木よりも，枝・柴・倒木のほうが乾燥しており，薪炭に適している．地域コミュニティの住民は，無償で薪を採取するが，ローカル・コモンズとして住民相互の節度ある薪採取が行われ，販売を目的とした商業的な薪採取はしない．したがって，薪採取後も樹木の枝は生長し，森林は再生する．

実際に，地球温暖化防止の観点から，再生可能エネルギー（Renewable Energy）が注目されているが，これには自然エネルギーとバイオマスエネルギーがある．バイオマスの燃焼はCO_2排出を伴うが，①未利用エネルギーの有効利用（バイオマスを放置しておいても腐敗に伴いCO_2など温室効果ガスが発生する），②化石燃料の代替エネルギー，という2点を考慮すれば，バイオマスエネルギーの開発は，温暖化防止に寄与する．バイオマスには，バガス（サトウキビの絞り粕），籾殻，ココナツ殻といった農業廃棄物，家畜から排出されるメタンもあるが，薪炭が最も重要である．タイの最終エネルギー消費をみると，1994年は4385万㌧（石油換算）で，薪・籾殻・バガスは10年前に比して1.7倍の702万㌧，木炭は2.5倍の446万㌧で，その構成比は最終エネルギー消費の各々16.0％，10.2％に達している（図2参照）．バイオマスエネルギーの構成比は電力（12.1％）よりも高い．したがって，熱帯林は，貧困世帯に再生可

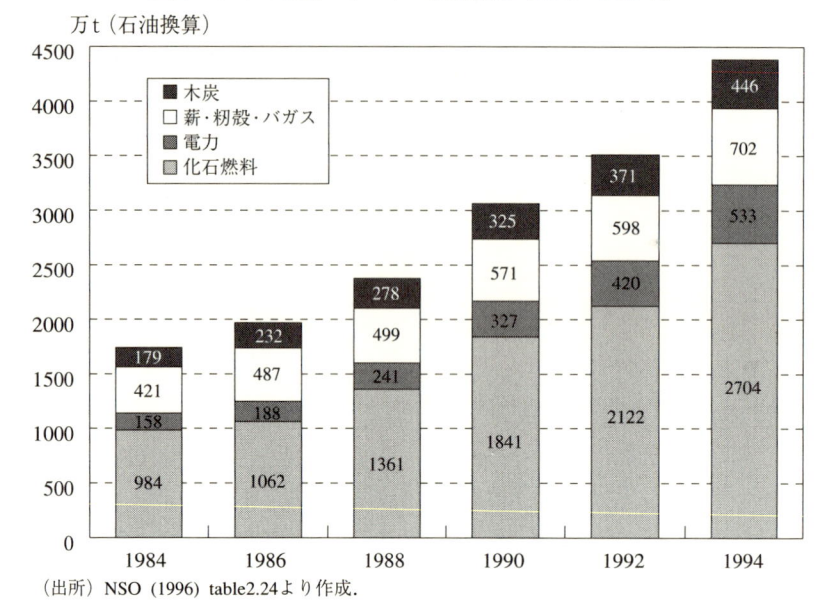

図2 タイの最終エネルギー消費構成 (1984～1994年)

万t (石油換算)

年	化石燃料	電力	薪・籾殻・バガス	木炭
1984	984	158	421	179
1986	1062	188	487	232
1988	1361	241	499	278
1990	1841	327	571	325
1992	2122	420	598	371
1994	2704	533	702	446

(出所) NSO (1996) table2.24より作成.

能なバイオマスエネルギーを供給することによって，貧困世帯の生計維持だけでなく，地球温暖化防止にも寄与しているといえる．

2.2 用材生産

用材とは製材，合板，ベニヤ，パルプ・チップなどに使用される木材で，樹木は幹から伐採される．つまり，用材生産は，開発途上国の木材生産量の20.9%に過ぎないが，植林されなければ，熱帯林減少に直結する．しかし，ITTO（International Tropical Timber Organization：国際熱帯木材機関）を構成する林業業界でも，林業（用材生産）の熱帯林減少への寄与度は，ブラジル2％，インドネシア9％，主要熱帯国2％とする分析を支持し，より大きな原因は，焼畑，耕地や牧草地の拡大であると指摘している（図3参照）．

しかし，この議論は，森林と森林減少の定義以外にも，次のような修正が必要であろう．第1に，用材生産は先進工業国では低迷している反面，開発途上

第3章 熱帯林の経済分析——草の根の環境保全の試み　49

図3 熱帯林減少の要因（1981〜1988年）

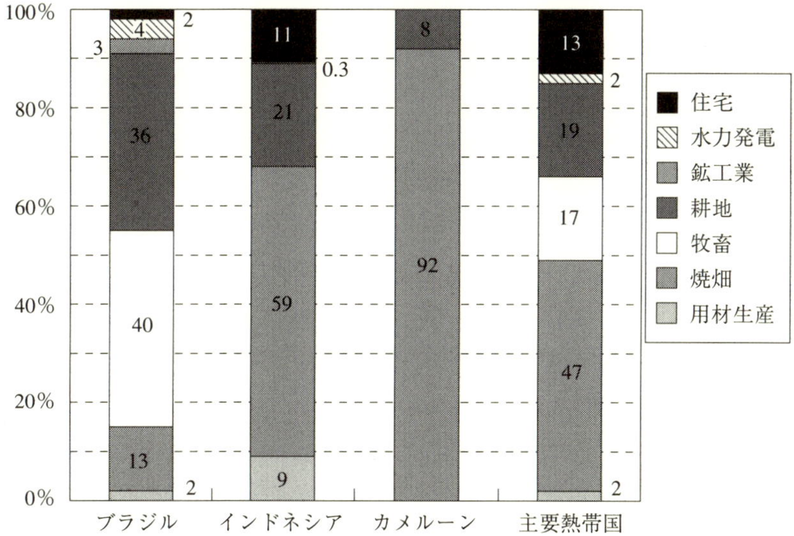

要因	ブラジル	インドネシア	カメルーン	主要熱帯国
住宅	2			2
水力発電	4			
鉱工業	3	11	8	13
耕地	36	21		19
牧畜	40	0.3		17
焼畑		59	92	47
用材生産	13	9		2

注：熱帯林減少への寄与度（％）については同一国でも推計者による差異が大きいが，ここではITTOの支持する見解をとりあげた．
（出所）Barbier et al.（1994）table 3.2aより作成．

国では1980年の3.4億立方㍍から1998年の4.2億立方㍍に増加している（図1参照）．第2に，用材生産量は利用された木材の統計であり，伐採されても利用されない樹木，製材の際に排出される商業的に価値のない廃材があるため，樹木・木材の浪費が多い．皆伐では，樹木は利用量以上に無為に破棄されるが，有用な樹木だけを伐採する選伐でも，有用な1本にアクセスするのに17本，体積換算で用材生量の3〜5倍の樹木が失われる．[7] 製材工場でも利用されない廃材が多く無駄になるが，これらは用材生産の統計には表われない．第3に，伐採跡地の森林再生が進まないことである．実際に，FAOの森林統計では，植林予定地は森林に含まれており，用材生産の熱帯林減少への寄与度が過小評価されている．また，森林再生量をみると，伐採率（一定面積当りの伐採面積の比率）が高いほど低い．熱帯林では伐採率が15％以内であれば，森林再生量は1㌶当たり年間3〜6立方㍍に達するが，25％以上の場合，植林をしない限り，土壌侵食によって森林減退が進む（図4参照）．そこで，伐採率25％程度

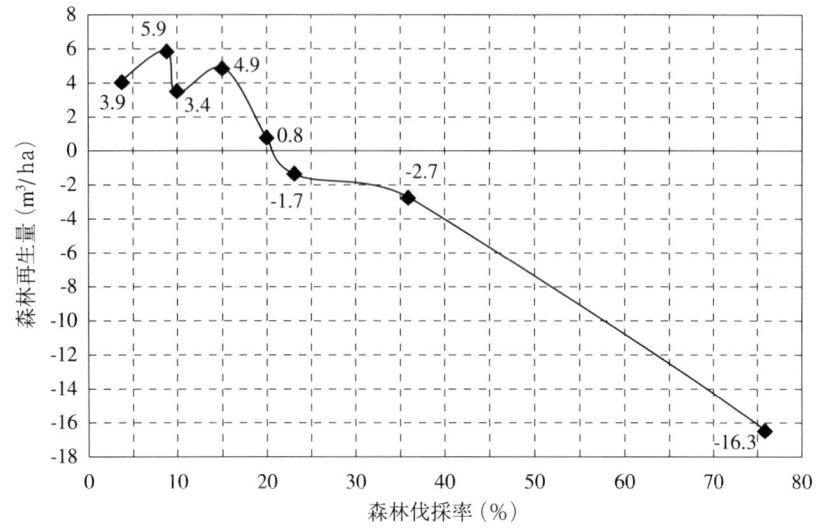

図4　森林伐採率と森林再生量の相関

注：森林再生量は1 ha 当たりの年間純再生量で，伐採率4〜23%の場合は伐採7年後，
伐採率36%，76%の場合は2年後の値．インドネシアの1980年ごろの事例．
(出所) Whitmore and Sayer eds. (1992) table2.11 より作成．

の択伐であっても，伐採跡地に残った樹木は枯れていくが，これは用材生産の熱帯林減少への寄与度に含まれていない．他方，自家消費用の薪採取の場合，柴刈りが大半で，伐採率は10%に満たないから，森林再生量は大きい．つまり，開発途上国における用材生産は，① 用材生産の増加，② 樹木・木材の浪費，③ 伐採跡地・植林予定地での森林減退，を考慮すれば，統計に表れる以上に熱帯林減少への寄与度が高いと考えられる．

2.3　熱帯材貿易

木材（用材）輸出は，工業化に必要な外貨を獲得する手段で，開発途上国が外国からの銀行貸付けなど対外債務の累積に苦しんでいる場合には，木材輸出によって債務を返済するために熱帯林が伐採される側面が指摘できる．実際に，1990年の熱帯材輸出量2541万立方㍍の54.0%は先進工業国の輸入で，1998年の熱帯材輸出量は44.9%減の1400万立方㍍，開発途上国の輸入構成比が

55.1％に上昇したが，開発途上国が熱帯材輸出国であることに変わりはない．また，熱帯材輸出量は開発途上国の用材生産の4～6％に過ぎないが，木材輸出を自ら行わなくとも，伐採権の譲渡によって，容易に外貨や現金を獲得できる．例えば，タイでは，王室森林局が林産公団に伐採権を授権し，公団はチーク材の伐採を独占し，林業関連産業，植林，林業研究にも従事する．[8]チーク材以外は，民間伐採業者に30年間の伐採権が与えられ，伐採地での森林管理を担う．1989年末の段階で既に伐採許可件数は301件，伐採許可面積はタイ国土の30.9％に相当する．伐採権取得には，①20％の株式の林産公団への譲渡，②ロイヤリティーの支払い，③伐採1本につき植林1本，④択伐，⑤30年間で伐採地を一巡するローテーション伐採，が条件になる．しかし，タイの植林面積は伐採面積よりも遥かに小さく，森林再生は進んでいない．

　タイの森林面積は1951年の3120万ヘクタールから1991年には56％減の1370万ヘクタールに低下した．これは，1950～1990年代初頭にかけて，年30万～60万ヘクタール，多い年には100万ヘクタールを超える森林伐採が続いたためである（図5参照）．この間，木材（用材）の国内生産は，年200万立方メートル前後で安定しており，計画的に伐採が行われていることが窺われる．木材輸出は，1982年には2000立方メートルに過ぎなかったが，1988年には11万8000立方メートルまで増加した．そして，1990年以降，国内生産激減，輸出急増によって，木材の輸出比率（国内生産に対する輸出の比率）は急上昇した．つまり，国内生産が堅調だった1988年までは，輸出比率は10％以下であるが，国内生産が50万立方メートル未満に激減する中で輸出量は増加し，輸出比率は1993年以降，80％を超えている（図6参照）．しかし，同時期の木材輸入は48万9000立方メートルから112万3000立方メートルへ増加し，輸出を遥かに上回っている．1989年以降は，輸入量が国内生産量を上回っており，年300万～400万立方メートルの木材を輸入している．1990年代の木材輸出は5万～8万立方メートルと輸入の5％に過ぎないが，1995年には輸出量が国内生産量を上回り，輸出比率は231.4％に達している．つまり，1980年代初めからタイは木材の純輸入国であるが，木材輸出は国内生産が激減したにもかかわらず増加している．これは，樹種の差異，輸入木材の再輸出・在庫取り崩しの影響もあるが，森林面積の減

図5 タイの森林面積と森林減少（1951〜1991年）

(出所) NSO (1996) table3.11より作成.

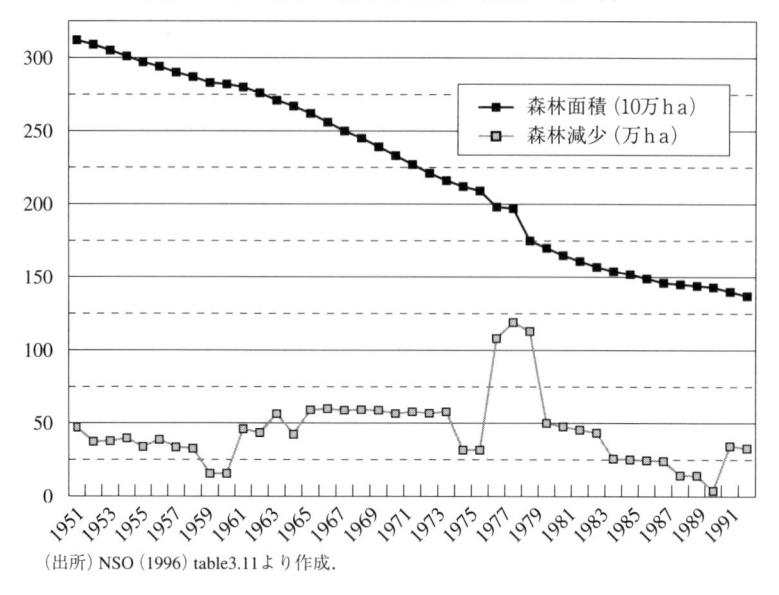

図6 タイの木材（用材）生産と貿易

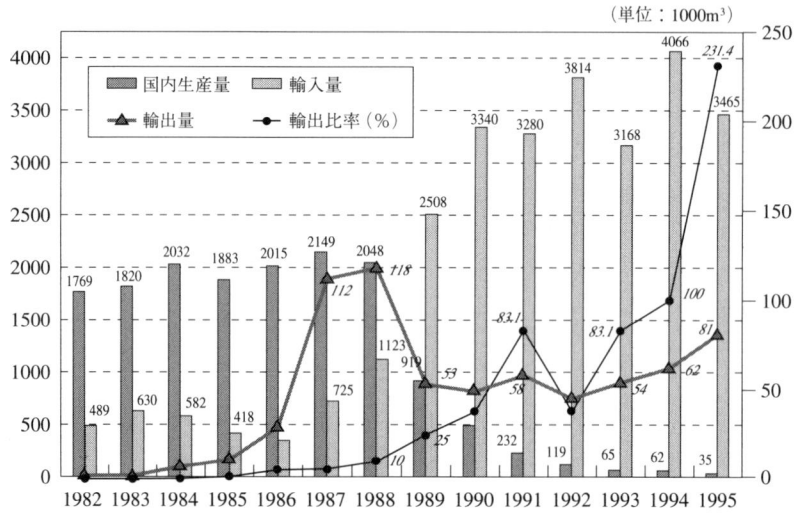

(単位：1000m³)

注：棒グラフは左目盛り，折線グラフは右目盛り．生産量・輸出入量は体積（1000 m³），
　　輸出比率は国内生産量に対する輸出量の比率(％)．
(出所) NSO (1996) table4.6より作成.

少をふまえれば，純輸入国となった後も，用材生産目的の森林伐採が続いていると考えられる．既に広大な面積の伐採権を取得している以上，企業は森林再生ではなく，用材生産を優先しているのである．

　他方，カンボジア政府は1994年にマレーシア企業にカンボジアの森林面積の12％（国土の4％）に相当する80万haの伐採権を譲渡した．1995年にもインドネシア企業に，国内で家具製造に使用することを条件に，140万haの木材伐採権を譲渡した．そして，禁輸しているはずのカンボジアから，原木がタイへ密輸され，政治疑惑まで引き起こした．[9]つまり，カンボジアでは，農地の急速な拡大，木材輸出が続くなかで，さらなる伐採権の譲渡が進行し，熱帯林が急減していると考えられる．債務返済，経常収支赤字，財政赤字に苦しむ低所得国は，早期に外貨を獲得する必要に迫られており，森林を保全したり，伐採権を高価に売却する時間も技術もない．開発独裁の下で，一部の政治家・企業家の利益が優先される場合には，伐採権譲渡に伴う個人仲介手数料・政治献金の取得（収賄）に関心が集中してしまう．こうして，伐採権の譲渡価格は，熱帯林の持つ外部経済を反映せず，過小評価されてしまうのである．

2.4　焼畑と農地の拡大

　開発途上国では，近年，灌漑整備，トラクター・化学肥料・農薬など農業投入財の増投によって，土地生産性が上昇したため，雇用吸収力も向上した．実際に，開発途上国の村落では非農業の雇用機会が制限されているために，土地なし労働者が多い．土地の所有権・利用権・耕作権・滞在権など財産権を持たない土地なし労働者は，田植え，除草，収穫，運搬などの農作業の一部に労働者として雇用される．そして，賃金あるいは現物収穫の一定比率を得る．

　タイの場合，保有する土地が1ha以下の零細農家（106.6万世帯）であっても，45％の世帯が農業労働者を雇用している．農業労働者は土地なし労働者と零細農家の家族員が中心となり，多くは農繁期の臨時雇用である．土地保有が1～1.4haの農家では52％が労働者を臨時に雇用し，全国の農家557.7万世帯の63％が臨時あるいは常時に農業労働者を雇用している（図7参照）．つま

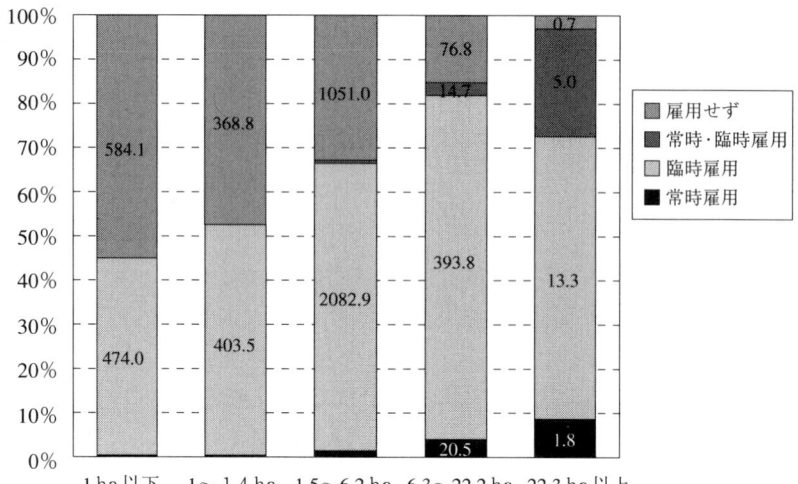

図7 タイ農家の保有土地面積別の雇用吸収力（1999年）

注：土地なし労働者など農業労働者を雇用する農家（保有土地面積別）の世帯数（1000世帯）．
保有土地面積はタイ独自の単位ライ（1ライ＝0.16ha）の換算値．
（出所）NSO（1999）table13.1より作成．

り，開発途上国では，地域コミュニティの中で，土地なし労働者など貧困者に雇用機会を分与するワーク・シェアリングが行われ，増加した地方人口の多くを土地生産性の向上した既存の農地に雇用吸収してきたといえる．[10]

　他方，土地なし労働者の収入は低く，彼らには都市への出稼ぎ，あるいは土地獲得を目的にしたフロンティア移住のインセンティブも存在する．政府も，フロンティア開発を兼ねて，土地なし労働者や農家をフロンティアに移住させる政策を採用する．実際に，インドネシア，ブラジルのような多民族国家では，先住民や少数民族の居住地域に，多数派民族の貧困者を入植させる国内移住政策を大規模に採用した．こうして，各国の農地は拡大した．1982/84〜1992/94年の約10年間の耕地面積増加率をみると，ブラジル，インドネシア，マレーシアでは15.0〜46.6％と高く，同時期の牧草地増加率も，スーダン，フィリピン，タイで10％を超える．カンボジアの場合も，過去10年間の用材生産増加率は58％で高いが，耕地・牧草地の増加率も80〜150％以上といずれも極めて高く，

1980～1990年の年平均森林減少率が2.4%に達した（表1参照）．したがって，フロンティアの熱帯林には耕地，プランテーション，牧草地など農地の拡大に向かって高い人口圧力が加えられ，これが移住者，焼畑を通じて熱帯林減少を引き起こしているとされる（図3参照）．

しかし，移住者の土地の財産権は不明確な場合が多い．正式な財産権は，土地登記，土地貸借証書，固定資産税納税証明書，借地料支払い証明書などによるが，入植にあたっては，口頭で土地取引契約を取り交わしたり，煩雑で分かりにくいために，解除条件付きの書類に安易に署名したりすることも多い．将来の資源開発，工場団地・道路の建設，企業的牧畜などを考慮すれば，熱帯林や伐採跡地とはいえ，地価は値上がりする可能性があり，土地投機も起こる．そこで，政府も大土地所有者も，財産権を安価に手放しはしない．貧困者は法律的に確立された財産権を取得することはできず，政府や土地所有者が必要と認めるときに，森林・農地の慣習的保有者（先住民を含む）はもちろん，入植者であっても，容易に不法占有者とみなされてしまう．そこで，移住者には，退去させられる前に短期に利益を上げようとする傾向が生まれる．焼畑や土地の収奪的利用はもちろん，違法性を認識しつつ，盗伐をしたり，熱帯林を伐採して農地を拡大したりすることも頻繁に起こるであろう．焼畑と農地の拡大は土地に関する財産権の問題に密接に関連しているといえる．

2.5 企業的フロンティア開発

焼畑，農地の拡大を推し進める移住者が，熱帯林減少の主な要因であるとの見解は，人工衛星を使った森林火災の観測からも支持されている．しかし，初めに大規模な熱帯林伐採をしたのは，用材生産，資源開発，牧畜を意図している企業，政府である．広大な森林を伐採，開発するには，労働力以上に資本が必要であり，道路，上水道，発電などのインフラも不可欠である．林道を通って，周辺の熱帯林に不法侵入した移住者は，道路で運ばれる食料や資材を購入しながら，開拓，焼畑を行う．しかし，鉱産物や水力発電などの資源開発あるいは企業的牧畜のために政府や大企業が必要と認めるときは，現地住民は一方

的に不法占有者として，立ち退きを命じられる．開発独裁の下では，人権の保障や財産の補償は不十分で，追放後は建設労働者として劣悪な労働条件で臨時雇用される．[11] つまり，焼畑と農地の拡大が熱帯林減少の主な要因であるとの見解は，焼畑や農地の拡大を促すインフラ整備，企業的牧畜，国内移住政策，土地に関する財産権の不備という要因を捨象している．

企業的フロンティアの順序は，①林道建設など経済インフラ整備，②一次産品の開発権の譲渡（売却），③林道沿線での樹木の伐採・用材生産，④石油・鉱産物・水力発電などの資源開発，⑤焼畑や耕地取得を目的とした移住者の侵入，⑥企業的牧畜などのアグリビジネス，⑦社会インフラ整備に伴う都市建設，と進んでいく．公的投資やODAによって，道路，電力，水供給を充実させるなど大規模なインフラ整備が進み，輸出や大都市での販売を目的にしたアグリビジネスが，外資も巻き込んで，キャッサバなどの農産物の生産・加工，プランテーション，企業的牧畜，エビ養殖などの形態で興隆する．熱帯材，食糧，鉱産物など一次産品輸出への低利融資，ODA供与も広く行われる．企業的牧畜への税制インセンティブの付与，アグリビジネスで使用する灌漑・農業機械・農薬・肥料への補助金の交付も行われる．公的投資によって支援された企業は，事実上，フリーライダーとして森林を利用するのである．こうして，優遇措置を受けて資源を開発し，熱帯林を耕地，牧草地（放牧地）に転換し，マングローブ林をエビ養殖池に変えていく．伐採跡地では，企業的フロンティア開発と土壌侵食が進行するため，植林は困難で，伐採業者や商社は新たな伐採権を取得することに関心が移る．その意味で，大規模資本の投下を伴う用材生産，企業的フロンティア開発は，移動性，拡大性が高く，ローカル・コモンズや現地住民には配慮しないのである．

以上のように熱帯林減少の要因には，薪炭生産，焼畑・農地の拡大といった貧困を指摘できる．しかし，熱帯林伐採には労働力以上に，資金と資本が必要なことは明らかである．開発途上国はフロンティア開発の一環として，資本・資金を積極的に導入し，一次産品の開発権も譲渡，売却している．その過程で，インフラ整備が進み，土地なし労働者による不法侵入や入植が誘発され，焼畑

や農地の拡大が起こる．したがって，企業的フロンティア開発とそれを優先する開発独裁の傾向および現地住民の財産権が未整備な状況は，用材生産と並んで，大規模資本を投下し，農地拡大の契機となり，この点で，熱帯林減少の主な要因になっていると考えられる．

3．持続可能な林業

3.1 木材規制と輸出代替

熱帯林減少が進む中で，木材生産を維持しつつ，森林減少に歯止めをかけようとする動きが生まれた．そこで，ここでは対策を，① 木材規制と輸出代替，② 森林認証制度，③ 植林，④ アグロフォレストリー，に分類して，持続可能な林業の視点から検討してみよう．

持続可能な林業の第1の方法が，原木の輸出禁止など木材規制である．原木輸出禁止は，1971年マレーシア半島部，1979年ガーナ，1985年インドネシア，1988年ブラジル，1995年カンボジアと採用され，1991年マレーシアで原木輸出規制がしかれた．生産制限は，1988年ガーナとコートジボアールで14種の熱帯硬材生産禁止，1989年タイでの商業的木材生産禁止，1991年ラオスでの森林伐採禁止，フィリピンでの原生林伐採禁止など開発途上国では木材生産を制限する傾向が強まっている．輸出税も導入され，カメルーン，コートジボアール，インドネシア，リベリア，マレーシア，フィリピンでは，原木や製材に従価方式（10～20％），従量方式（1立方㍍当たり58～2400㌦）の輸出税を賦課している．[12] 輸出税は原木に重く，一次加工の製材に軽く賦課され，二次加工の合板には賦課されない．つまり，国内の木材業者に，原木を加工・半製品化して輸出するインセンティブを与えている．一次産品の需要の価格弾力性は低いから，加工・半製品化を進める輸出代替のほうが，資源を節約しつつ，付加価値を向上することができる．

1983年に熱帯材の生産国と消費国とがITTA（International Tropical Timber Agreement：国際熱帯材協定）を採択し，1985年発効した．これは木材規制な

ど市場への介入を行わずに，熱帯材の安定供給と需要拡大を目指す協定で，熱帯材の研究開発と市場・流通調査，加工促進，造林支援，熱帯遺伝子保全を進めることを定めた．そして，ITTA に基づいて1985年に ITTO が設立された．ITTO は1999年末で54カ国が加盟しているが，熱帯材輸入国の先進工業国が運営予算を拠出し，熱帯材と森林の研究開発，造林と森林経営，生産国での加工度向上，市場の情報交換を行う．ITTO の支援する計画は，① ゴムの林業開発・加工など林産物への技術協力，② 竹・家具など木材加工技術の開発，③ 林業経営能力開発，④ 未利用樹種開発・木材利用促進計画，⑤ バイオマスエネルギーを含む地域コミュニティ向け非木材林産物開発，などである．[13] 1994年の ITTA 改定では「2000年までに再生措置を施さない熱帯材を貿易対象にしない」という目標を定め，持続可能な林業を促進するバリ・パートナーシップ基金（BPF）が設置された．つまり，企業・政府機関を対象とした技術協力，従来産業用にはほとんど利用されてこなかった未利用樹種の開発など，付加価値を向上しての輸出代替を目指している．

しかし，輸出代替は，一方では，一次産品に対する新たな需要を生み出し，熱帯林伐採の増加につながる危険もある．マレーシアの場合，木材生産量の79.3％は用材で，カリマンタン（ボルネオ）島のサバ，サラワクの両州では大規模な用材生産を開始し，最近10年間で用材生産は15％も増加している（表1参照）．家具などへの加工も進んではいるが，増産に力点が置かれれば，熱帯林の伐採を加速させる．輸出向けのエビ養殖が興隆したタイでも，養殖池への転換などのために，マングローブ林面積は1975年の3127平方キロ㍍から1991年の1763平方キロ㍍に減少した．特にタイ中部では，港湾整備や工業団地造成もあって，マングローブ林は，1975年の365平方キロ㍍から1991年には4平方キロ㍍に激減した．[14] しかも，富栄養化した養殖池は，エビ養殖に適さなくなり，放棄されている．したがって，輸出代替は外貨獲得に寄与したものの，需要が増加している場合，熱帯林保全には有効ではないといえる．

さらに，一次産品価格の全般的低迷のなかで，原木価格は食糧，鉱産物に比して堅調に推移してきた．つまり，原木の価格指数は，1960～1970年に比して，

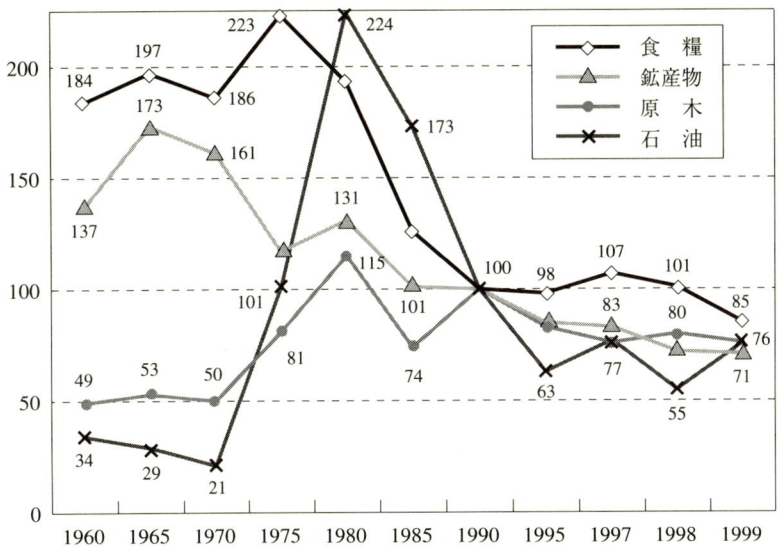

第3章　熱帯林の経済分析——草の根の環境保全の試み　59

図8　一次産品の価格指数の推移

注：1990＝100とする世界銀行の価格指数．ただし，原木はカメルーンの価格指数．
（出所）World Bank（2000）table6.4より作成．

1980〜1990年は2倍に上昇し，同時期に食糧や鉱産物の価格指数が半減しているのとは対照的である（図8参照）．つまり，原木は一次産品として輸出しても十分な外貨獲得が期待できた．さらに，輸出代替を進めようとしても，木材の関税（輸入税）については加工度が高まるほど税率が上昇するタリフ・エスカレーションが顕著である（図9参照）．大半の地域で，原木に比して，二次加工品は20〜30％ポイントも関税率が高い．これは，輸入国が原料（原木）を輸入して，あるいは生産国が国産材を使用して自ら木材製品に加工することを意図しているためで，熱帯材生産国のアジア，中南米では，先進工業国よりも関税率が遥かに高い．また，先進工業国も補助金や木材製品への税金などを含めた実効保護率は関税率を上回り，木材加工度が高まるほど非関税障壁が高くなる．したがって，輸出代替を促進するには，輸入国側の関税，補助金などを見直す必要があるといえる．

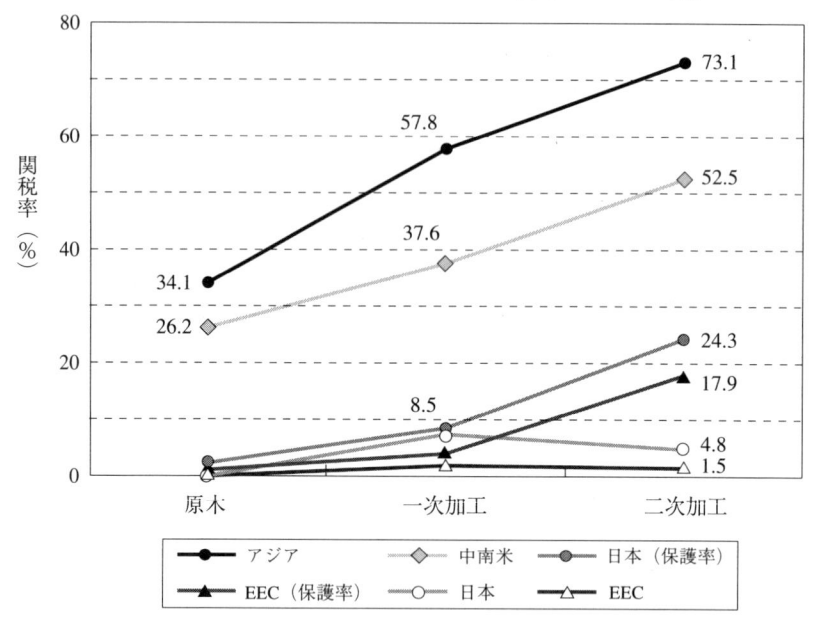

図9　木材のタリフ・エスカレーション（東京ラウンド以降）

注：保護率とは、インプットとアウトプットに加わる補助金、税金も考慮した実効保護率.
（出所）Barbier et al.（1994）table8.0より作成.

3.2　森林認証制度

　熱帯材貿易が熱帯林を減少させているとの認識が広まり、先進工業国の自治体・NGOでは、熱帯材の購入制限などグリーン購入が行われるようになった．そこで、生産者側にも、持続可能な林業を進めて、木材需要を確保しようとする動きが生まれた．これが、木材の環境ラベルの始まりである．1993年に設立されたFSC（Forest Stewardship Council：森林管理協議会）は、林業者、木材取引企業、林業組合、林産物認証機関、環境NGO、先住民団体など、25カ国130人により設立されたNGOで、このFSCの森林認証制度とは、適切な森林管理が行われている森林を認証して、そこから産出された木材・木材製品に環境ラベルをつけるものである．[15] つまり、伐採、搬出、育林など森林管理の現場の基準を定め、それをFSCが認定した独立した第三者森林認証機関が審

査し，認証を与える．そして，消費者がFSCロゴを選択することで，木材のグリーン購入を進め，持続可能な林業を普及させるのである．したがって，森林認証制度は，生産者，消費者の間に環境ネットワークを構築する試みといえよう．認証された森林は，1997年中頃までは300万ヘクタール程度，1998年は500万ヘクタールであるが，2001年1月末現在，熱帯，温帯，亜寒帯の30カ国210カ所，1800万ヘクタールも認定されている．認定林の規模は，数ヘクタールから100万ヘクタール以上のものまであり，民有林，州有林，国有林，王室財産，コミュニティ林など様々である．

　1994年に批准された森林管理認証基準は，① 各国の森林関係法・条約の遵守，② 財産権（森林の保有権，利用権）の法的確立，③ 先住民の慣習的権利の尊重，④ 地域社会への利益還元と森林労働者の権利の保証，⑤ 林業従事者と地域社会の利益の享受および労働基本権・団結権・団体交渉権の保証，⑥ 森林から得られる便益の利用促進，⑦ 生物多様性への配慮と保全価値の高い森林の保護，⑧ 適切な森林管理計画の文書化と管理目標・目標達成手段の明確化，⑨ 林産物の生産量・森林状態・森林管理費用などをモニタリングできる文書の整備，⑩ 植林推進，である．他方，加工・流通過程の管理の認証はCoC認証（Chain-of-Custody）と呼ばれ，森林管理認証基準を満たす森林の産物が，加工・流通段階で認証を得ていない林産物と混交していないことを証明するものである．ここでは，林産物に関する仕入れ・輸送記録，認証された林産物を他の林産物と区別する方法などを調査員が現地調査し，それをもとに審査，認証を行う．

　森林認証制度の問題は，第1に，開発途上国にとっては認証基準が厳しすぎ，アグロフォレストリーに従事している個人経営体には，森林管理計画の文書化が困難なことである．つまり，森林認証制度は，開発途上国におけるローカル・コモンズの管理には不適当である．第2に，持続可能な林業を優先するあまり，天然林への配慮は二の次となり，生物多様性の保全に支障が生じる危険である．第3に，自発性を重んじるために，植林を施さなかったり，土壌侵食を放置したりする林業経営者など，環境意識の低い業者には有効ではない．第4に，木材生産者の側の対応だけではなく，FSCロゴに敏感なエコ消費者が，

グリーン購入を進めるなど需要側の対応も不可欠である．

3.3 植 林

用材生産，木材貿易を営む企業にとって，資本に見合った資源（木材）を安定的に確保するためには植林が重要になる．実際に，日本では，1997年の植林面積は3万8000ヘクタールで1960年代の10％水準に落ち込んでいるが，1999年11月現在，製紙業によって計画されている海外植林事業は26件，44万ヘクタールに達する．海外植林計画は，1973年ブラジル，1975年パプアニューギニア（PNG）で始められたが，1976年以降，新規計画は14年間途絶えた．しかし，1989年以降，対象国別植林計画は，オーストラリア13件（14.6万ヘクタール），ニュージーランド3件（5.4万ヘクタール）など，先進工業国におけるユーカリあるいはアカシアの植林が多い．残り10件の植林は，ブラジル，チリ，南アフリカ共和国，PNG，ベトナム，中国を対象にしたもので，合計24.3万ヘクタールである．[16)] 1ヘクタール当たりの年間樹木成長量は，人工林15〜30立方メートル，天然林1〜5立方メートル，木材伐採間隔は，人工林7〜30年，天然林30〜150年である．そこで，ユーカリ植林は成長が早く，用材生産と土壌侵食防止に有用な森林再生の手段といえる．

タイでは1985〜1988年を「国民植樹年」として，王室森林局がユーカリ植林を商業ベースで拡大した．そして，民間企業が植林した樹木は，原木も含めて，全て輸出を許可する方針を1983年に決定し，翌年には，輸出税の軽減，ユーカリを原料とする製材・パルプ工場設立，植林へも投資優遇を決めた．この計画には，シェル，王子製紙，スフアセン（住友商事も資本参加），サイアムなど外資や大企業も参入し，民間活力を導入して事業が展開されている．オーストラリアからユーカリ種子を1キログラム当たり1000バーツで輸入し，50万トンの苗木とする．その苗木を1キログラム当たり0.8〜1.5バーツで販売し，植林する．ユーカリは育成期間が5年と短く，チップ・パルプ，繊維板とする．[17)]

しかし，地域コミュニティの住民にとっては，ユーカリ植林には問題も多い．第1に，ユーカリ林には，食用になるキノコ，野草，果実，昆虫などは繁殖せず，林産物の利用も限られ，現地住民の享受できる外部経済が減少する．第2

に，現地住民の森林利用や慣習的な財産権が制限されることである．植林は，本来，伐採跡地や荒廃地に実施されるべきであるが，コミュニティ林にも拡張されている．こうして，1985年11月～1988年4月の期間だけも，タイ東北部を中心に12件の紛争が起きた．住民は，従来の森林利用の再開，放牧地返還，不法侵入者の釈放，森林開拓反対などを求め，ユーカリ苗木の破壊，役場への陳情，デモ，森林事務所の破壊などを行った．住民を排除したユーカリ植林では環境ネットワークの構築が困難である．第3に，用材生産目的の植林は，単一樹種で，生物多様性を維持するには適していない．野生種など生物多様性の保全のためには，人工林よりも天然林を残すほうが有効である．

ここで，タイの植林をみると，1994年の植林面積は326平方キロメートル（3.3万ヘクタール）で，その95.1％は国の予算による公的植林になり，国営企業・NGOなどによる譲渡的植林が3.3％である．他方，企業植林は，伐採跡地への植林義務付け

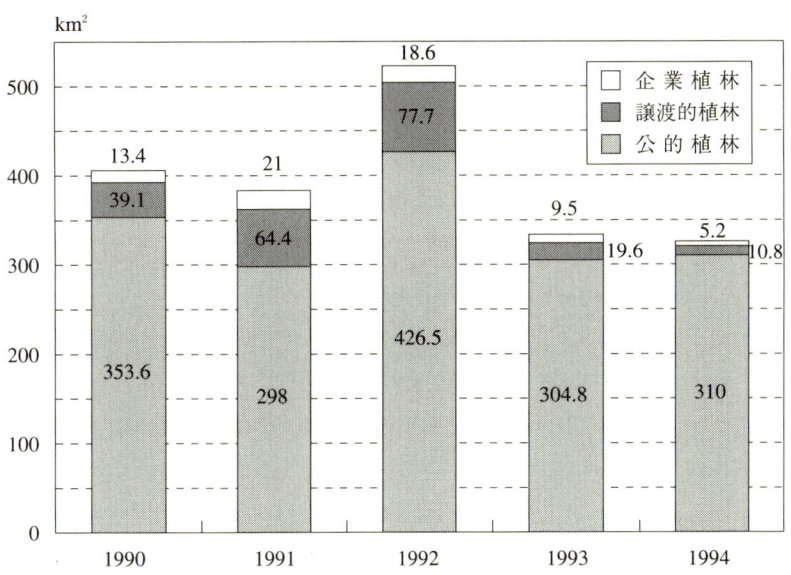

図10　タイにおける植林の動向（1990～1994年）

注：譲渡的植林はODA・NGOなどによる直接植林と資金援助による間接的な植林を含む．
　　企業植林は林産公団や伐採業者への植林義務付けによる植林．
（出所）NSO (1996) table4.10より作成．

にもかかわらず1.6%に過ぎない（図10参照）．1990〜1994年の累計でも，公的植林が85.8%と大半を占め，植林による将来収益の現在価値が低いために，民間の植林は進展していない状況が窺われる．また，植林面積は伐採面積の10%程度に過ぎない．したがって，企業に依存した植林は困難であり，公的植林の拡大も国の負担が大きい．そこで，今後は，①伐採業者に加えて現地住民の協力を得て植林を行う，②現地住民への土地・森林の財産権を設定し，植林への参加を促す，という草の根を意識した環境ネットワークの構築が重要となる．換言すれば，住民に財産権を認めつつ，持続可能な参加型の林業を進めることが望まれる．

3.4 アグロフォレストリー

現地住民の参加がないと植林が進展しないことが明らかになったが，現地住民にとって，植林はアグロフォレストリーのためにも重要である．アグロフォレストリーとは，①遮蔽帯（土壌侵食，砂漠化の防止），②薪炭供給（炊事用の再生可能エネルギー），③糧秣供給（葉・新芽など草食の家畜の餌も供給），④土壌の栄養分の維持（落ち葉の堆肥化，灰の肥料化，枯れ枝・倒木の腐敗，マメ科植物の窒素同化作用），⑤用材供給（家屋，柵，農機具，工芸品の作製に使用できる用材の供給），⑥林産物供給（籐，ゴザ用のシュロ，採油・ゴム採取，包装・屋根葺き用のバナナ・ヤシ・チークの葉など），⑦食料供給（食用になる果実・キノコ，魚類，甲殻類などの繁殖），のような森林の多面的機能を活用する林業である．[18] 実際に，収奪的な焼畑や除草・整地をしたプランテーションは，大量の土壌侵食を引き起こす．しかし，樹木の種類や植え方に配慮する多層利用，あるいは灌木・多年草を除かないアグロフォレストリーは，天然の熱帯林と同じく，土壌侵食はごく僅かである（図11参照）．

地域コミュニティの現地住民は，このようなアグロフォレストリーによって森林の多面的機能を活かし，森林を持続可能に利用する．したがって，伐採跡地に入植した現地住民に対して，樹木の利用や管理など財産権を認めれば，当初は不法占有であっても，アグロフォレストリーを目的に，森林の適正管理の

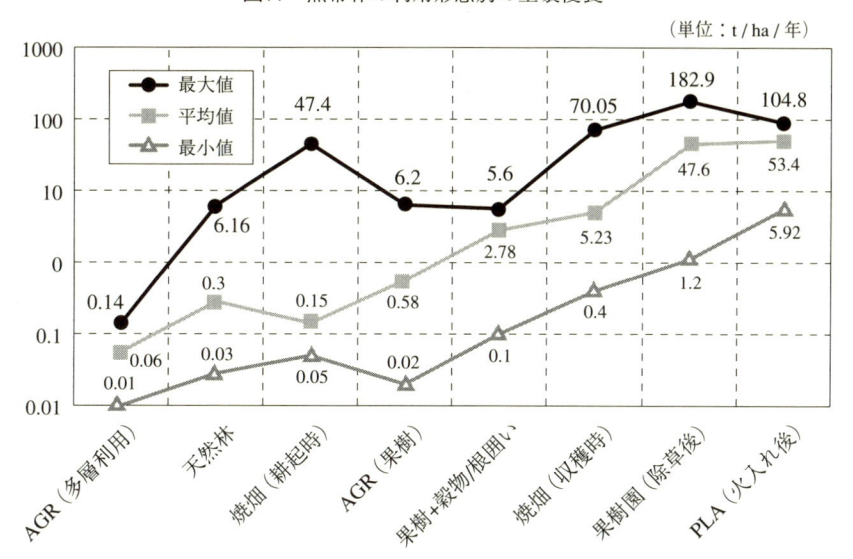

図11　熱帯林の利用形態別の土壌侵食

（単位：t／ha／年）

[図：熱帯林の利用形態別の土壌侵食を示すグラフ。最大値・平均値・最小値の3系列。
- AGR（多層利用）：最大値0.14、平均値0.06、最小値0.01
- 天然林：最大値6.16、平均値0.3、最小値0.03
- 焼畑（耕起時）：最大値47.4、平均値0.15、最小値0.05
- AGR（果樹）：最大値6.2、平均値0.58、最小値0.02
- 果樹＋穀物/根固い：最大値5.6、平均値2.78、最小値0.1
- 焼畑（収穫時）：最大値70.05、平均値5.23、最小値0.4
- 果樹園（除草後）：最大値182.9、平均値47.6、最小値1.2
- PLA（火入れ後）：最大値104.8、平均値53.4、最小値5.92]

注：AGR（アグロフォレストリー）には除草・整地をしない PLA（プランテーション）を含む．
　　土壌侵食は熱帯林における1年間1ha当たりの量(t)で，1980年代の計測値．
（出所）MacDiken and Verga（1990）table1.4より作成．

インセンティブが生まれると考えられる．

　アグロフォレストリーの支援については，タイの農業・農協省（MAC）の王室森林局が米国援助庁と連携して実施した「村落森林区画計画」（Village Woodlot Project）がある．ここでは，1980〜1984年に，薪炭の利用方法や消費量に関する調査を行いつつ，7県で合計960㌶の薪炭用コミュニティ林を実験的に設置した．成長の早いユーカリ100万株を，現地住民を雇用して，公有地を中心に植林したが，学校や寺院の敷地も対象とした．また，コンロを改良し，効率的に薪炭をくべることで，コンロの熱回収率を50％も改善する方法を明らかにした．カナダのNGOであるIDRC（International Development Research Center）は，砂漠化する地域の生活改善を目的として1970年に設立されたが，1970年代からアグロフォレストリーを重視した植林・造林を行っている．[19] IDRCとナイジェリア地方経済省が25万㌦を折半し，70の村落の周囲に

160ヘクタールの薪炭用コミュニティ林を設けた．フィリピンにおける糧秣・土壌維持用の造林計画は，IDRCとフィリピンの森林研究所が50万ドルを折半し，6年間で高さ18ﾒｰﾄﾙにまで成長するマメ科植物をフィリピンの気候や土壌に適するように改良，育成しようというものである．この植物は，飼料以外にも，土壌への窒素同化，堆肥，薪にも有用である．このような取組みは，現地住民を含んだ環境ネットワーク構築の初期の試みとして注目される．

4．森林・生物多様性の保全

4.1 自然保護区の設置

　熱帯林でも生物多様性を保全しながら，木材・生物資源を慎重に利用することが必要になるが，このために，1992年の地球サミットで生物多様性条約が署名され，1993年12月に発効した．この条約の目的は，①生物多様性の保全（保全すべき種の選定とモニタリング），②生息域内の保全（自然保護区の設置，生息地の回復），③生息域外の保全（飼育・栽培による保存・繁殖，野生復帰，環境アセスメント，生物・生息地の持続可能な利用），④生物多様性の利用から得られる利益の公平な配分である．[20]

　生物多様性条約を具体化するための措置として自然保護区をみると，1994年の設置数は世界計で約9800カ所，地域別では欧州，米国，オセアニアに多く，アジア，南米，アフリカには少ない．自然保護区面積の陸地面積に対する比率も，先進工業国地域（8.9～13.3％）に対して，アジア4.4％，アフリカ4.9％，南米6.3％と低い（表2参照）．このように開発途上国で自然保護区の設置が進まない理由としては，①現地政府や市民の環境意識の低さ，②資金不足，③保護区に指定されることで，地域開発が阻害される可能性，が挙げられるが，より基本的には，④森林・生物多様性の利益配分の不平等，が指摘できる．つまり，開発途上国では，自然保護区における規制は，行政による開発の許認可でも緩やかなものが多く，地域開発を阻害する恐れのある完全保護区の比率は，アジアでは30％未満に過ぎない．また，国立公園指定や世界遺産への登録

表2 世界の自然保護区（1994年）

	自然保護区			大型保護区の比率（%）	完全保護区の比率（%）
	設置数（カ所）	面積（1000 ha）	対国土比率（%）		
アジア	1774	141793	4.4	11.6	29.9
アフリカ	727	149514	4.9	26.1	61.3
南米	706	112834	6.3	25.1	59.8
欧州・ロシア	2923	223905	8.9	7.2	70.0
米国	1585	130209	13.3	9.5	54.3
世界計	9793	959568	7.1	11.9	53.2

注：世界にはカナダ，オセアニアその他を含む．大型保護区は10 ha以上，完全保護区は国立公園など自然が維持できる範囲以内に利用が制限されている地域で，ともに自然保護区に対する面積比率．
（出所）WRI (1996) pp.262-263より作成．

にはアナウンスメント効果があり，開発が規制されてもエコツーリズムが興隆する．そして，世界銀行は世界遺産の修復・保全に必要な資金やアクセス道路や観光施設の整備に融資を始め，アジア開発銀行も1992年に，インドネシアの生物多様性国家戦略，自然保護区設置，国立公園指定に対して融資をしている．[21]つまり，自然保護区の設置のための経費は，監視・モニタリングが中心で，大きくはない．問題は，開発規制に伴う機会費用，喪失利益および所得分配の変化で，これらをどのように補填，補償するかである．

資金・資本・技術をもち，法律上も特許などの財産権を保障されている国家や企業，特に先進工業国の企業は，森林・生物多様性の利用から金銭的利益を得ているが，その保全は行わず，保全や管理の費用も負担しない場合が多い．生物多様性の利用は，バイオテクノロジーをはじめ，先進工業国の企業が先行しているが，生物多様性を育む熱帯林を残し，管轄しているのは開発途上国である．つまり，先進工業国企業は生物多様性の利益を多く配分されているにもかかわらず，その保全の費用を負担していないフリーライダーである．そのため，特定地域の森林・生物多様性が減少しても，他の地域へ移って再び生物多

様性を利用する．換言すれば，利用後の状態に配慮しないモラル・ハザードに陥りがちである．他方，現地住民は，薪採取・薬用動植物の利用などローカル・コモンズから外部経済を享受しているが，熱帯林・生物多様性の利用権が確立されているとはいえず，金銭的利益も少ない．つまり，企業・外資が獲得する利益は，森林・生物多様性の保全にも現地住民にも還元されず，森林・生物多様性の保全の費用が賄えない．そこで，開発途上国では熱帯林から金銭的利益を上げるために，用材生産，伐採権の譲渡，企業的フロンティア開発を行わざるをえない．したがって，先進工業国が開発途上国の自然保護区の設置・管理に要する費用，開発規制に伴う喪失利益の補填費用を，応益原則，応能原則に基づいて，負担することが求められる．

　開発途上国の自然保護区設置にNGOが協力するのが「債務と自然環境のスワップ」(Debt-for-nature swaps) である．つまり，開発途上国の対外債務をNGOが肩代わりするかわりに，開発途上国はその資金を環境保全のために使用するというスワップ（交換）協定である．初めてのスワップは，1987年，米国のNGOであるCI (Conservation International) とボリビアの間で行われた．CIはボリビア政府から額面65万㌦の債務を10万㌦で買い取り，ボリビア政府は熱帯林1.5万平方㌔の半分を持続可能な林業に利用し，残り半分を研究用に保全するという交換条件を受入れた．1991年のメキシコの事例では，CIがメキシコの債務400万㌦相当を180万㌦で購入し，債務返済を要求しないことを条件に，メキシコは熱帯林の保全のために260万㌦を支出することに合意した．こうして1991年末までに9カ国16件，額面価格1億㌦の対外債務が免除され，自然保護の資金1600万㌦に変換された．[22] ここで，対外債務はインフレ抑制のために国債と交換されるが，国債の額面額は元の債務額の90％程度であり，開発途上国としては外貨建ての債務を負担の軽い現地通貨建て債務に転換できるという利点がある．

　スワップの問題は，第1に，開発途上国の債務返済と自然保護区設置のインセンティブを損なうおそれである．スワップによって債務返済が不要になるのであれば，自主的に保護区を設置することは，債務削減につながらず，債務者

にモラル・ハザードが生じてしまう．第2に，政府がNGOと合意することで，政府の管轄権・現地住民の財産権を制限する危険がある．第3に，スワップで生み出される自然保護の基金が協定水準に達しているか，自然保護のために支出されているかについては，契約の履行が保障されないことである．つまり，債務と自然環境のスワップの場合も，現地住民の保護区管理への参加，モニタリングなど環境ネットワークへの配慮が不可欠である．

4.2 在来種の植林

フタバガキ科の樹木やマングローブは，アグロフォレストリーや水産資源の保全（繁殖場所の確保）を通じて，現地住民に多大な外部経済を与え，在来種の森林が維持する生物多様性の利益も大きい．そこで，在来種の植林によって，森林・生物多様性の保全を図ることが検討，実施されるようになった．例えば，日本のNGO「マングローブ植林行動計画」は，マングローブ苗を人工育成し，1999年11月から南ベトナムで養殖池周辺での植林を試みている．住友林業は，1991年からインドネシアのカリマンタン島に3000ヘクタールの実験林を設けてフタバガキ科の樹木を森林再生に用いる研究を進めている．また，山火事跡地，焼畑跡地を元の生態系に近づけることを目標として，早生種，果樹も植林している．そして，インドネシアの林業者，東京大学農学部と技術・研究面で提携し，熱帯樹木の生理生態的特性の解明，森林育成技術の開発を目指している．これには，山火事跡地・焼畑跡地への人工造林，幼い樹木の成長を促進する天然更新，現地住民の薪炭・果樹生産を行うアグロフォレストリーなどの計画がある．東京海上火災保険も，1998〜2003年にフィリピン，タイ，インドネシア，ベトナム，ミャンマーの5カ国を対象に3000ヘクタールのマングローブを植林する．これにはNGO「オイスカ」と「マングローブ植林行動計画」が連携し植林費用を支払うほか，社員を植林ボランティアに派遣する．派遣・滞在費を考慮すれば日本人よりも現地住民を植林に雇用するほうが，効率的な援助ではあるが，この事業によって，東京海上が1年間の事業活動で排出する1万9000トン相当のCO_2を吸収できる．[23]

したがって，従来の海外植林は，林業者や製紙メーカーによる製紙用・パルプ用も含めて，用材向けの事業であったが，近年では，CO_2の吸収・貯蔵と生物多様性の保全が注目され，天然林に準じた植林計画も着手されている．もちろん，在来種の植林によって企業に金銭的利益が上がるとは考えにくい．しかし，樹木によるCO_2吸収・貯蔵を通じて，地球温暖化防止に寄与できるだけでなく，自社のCO_2排出枠拡大が認められ，企業の社会的評価も高まる．また，造林地域の利用権を現地住民に認めれば，アグロフォレストリーが興隆し，現地住民のローカル・コモンズ管理への参加を通じて，環境ネットワークが形成され，森林管理費用を節約できる．したがって，天然林再生は外部経済が大きく，これをふまえれば，在来種の植林をする企業へは，税制インセンティブ，補助金交付などの優遇措置が採用されるべきであろう．

4.3 財産権の設定

森林や土地の財産権がない場合，不法占有者は短期間で収益を上げ，利用後の状態に関心を示す必要がない．つまり，機会主義的行動をとるインセンティブが内在しており，モラル・ハザードに陥る．対照的に，地域コミュニティでは，血縁・地縁，文化の共有，職住接近から住民相互の情報交換が盛んであり，相互の行動をモニタリングしやすい．そこで，住民の間に信頼関係が培われ，ローカル・コモンズを侵害し，現地住民に損失を与えるような行動は抑制される．つまり，モラル・ハザードは抑制され，ローカル・コモンズの適正管理が促される．実際に，森林とその資源に依存して生活している住民は，インドで1億～2億7500万人，インドネシア8000万～9500万人など膨大であり，その中でも公有林（公有地の森林）に依存して生活している住民が40～70％程度あると考えられる（図12参照）．したがって，財産権を現地住民に設定したうえで，住民がローカル・コモンズ管理に参加する場合，住民が意図したわけではなくとも，結果として収奪的利用が抑制される．[24]

そこで，ローカル・コモンズ管理の手法を広範に援用するために，小作農や土地なし労働者に安定的な耕作権や森林利用権を設定し，土壌侵食を起こさな

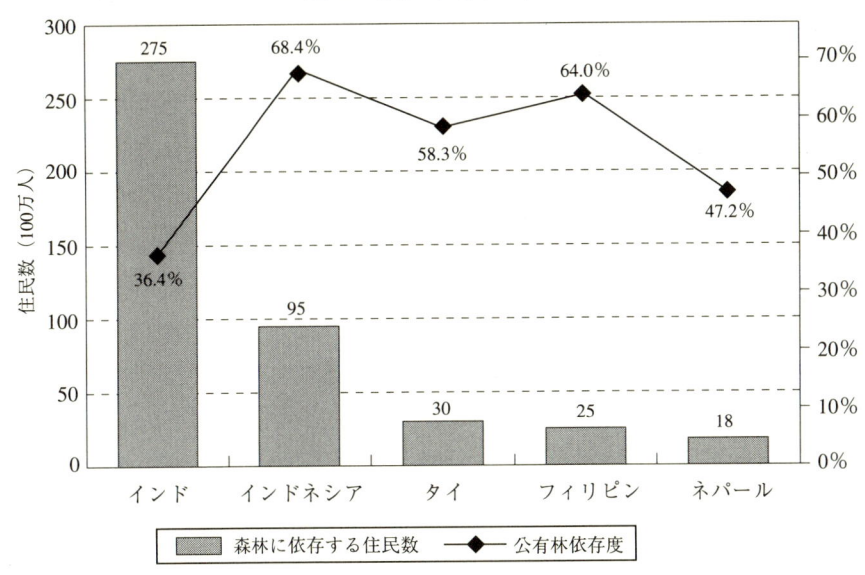

第3章 熱帯林の経済分析——草の根の環境保全の試み　71

図12　森林に依存する住民

[棒グラフ：森林に依存する住民数（100万人）]
- インド：275
- インドネシア：95
- タイ：30
- フィリピン：25
- ネパール：18

[折れ線グラフ：公有林依存度]
- インド：36.4%
- インドネシア：68.4%
- タイ：58.3%
- フィリピン：64.0%
- ネパール：47.2%

注：薪炭・林産物など森林資源に依存する住民の人数（100万人）とその中で公有林に依存する住民の比率（％）．人数は1992年の推計で最大のものを記載．
（出所）Paine *et al* (1997) table7より作成．

いように，畦や耕起の深さ，栽培作物の種類や輪作に配慮した耕作，薪炭の持続的利用のインセンティブを与えることが考えられる．アグロフォレストリーとしても，不法占有者を含む農家に森林の長期利用権を認めれば，持続可能な森林利用が促される．例えば，フィリピンでは，コミュニティ林管理協定を認めて，土壌侵食防止，森林再生を条件に，不法占有者に25年間の滞在権を与える計画が進展している．タイでもアグロフォレストリーを行うことを条件に，生涯，一定区域の森林利用を認め，森林を再生させている．[25] つまり，利用者や地域コミュニティに財産権が長期安定的に設定されれば，ローカル・コモンズから長期間持続的な収益を上げるように収奪的利用が抑えられる．この意味で，財産権の設定を支援するような土地改革や登記簿システムの整備は，現地住民の環境保全への参加を促す環境ネットワーク支援政策といえる．

ところで，開発途上国の女性は，農作業，薪炭生産などに多大の労働力を提

供している一方で，財産権が認められないというジェンダーがある．成人識字率，就学率など人間開発指標は男性に比して，女性は大幅に劣っており，所得分配率も低い．[26] そこで，女性差別を廃止し，森林，土地の管理に女子を参加させれば，自らの財産を保全するために，過剰な薪採取，砂漠化を広める過剰な農牧業などを抑制する傾向が生まれる．ローカル・コモンズの管理を担う女性とジェンダーに配慮し，差別されている女性の能力開発，財産権の設定など草の根の環境協力を行うことは，有効な森林保全の方法となろう．環境ネットワーク構築のためにも，ジェンダーへの配慮が不可欠といえる．

　土地に関する財産権の設定は，耕作者たる農家に営農の権利，土地保有権・利用権を認める土地改革として位置付けられる．土地改革は，所得分配の公正を確保しつつ貧困を解消し，耕作者の農業経営，労働インセンティブを高める．そこで，森林利用者に森林に関わる財産権を設定すれば，同様に森林の適正管理のインセンティブが生まれるといえる．しかし，財産権設定や土地改革には，土地の再分配に伴う大土地所有者の反発，権利の配分が問題となる．そこで，対策としては次のようなことが考えられる．住民へ財産権が設定された地域は，譲渡を制限し農林業以外の開発を抑制した準自然保護区として扱う．そして，住民に対しては毎年少額の財産権登記料を徴収するにとどめ，残りの支払いは，植林作業など役務で提供することにする．つまり，不法占有者，土地なし労働者を，森林保全役務提供型農家に再編成する．換言すれば，土地の利用権の対価を現金で払うことは困難であるから，森林保全のための役務提供で代償させるのである．こうして，土地再分配の利益を，土地所有者と不法占有者とで分担できる．

5. 資金の充実

5.1 環境 ODA

　持続可能な林業も森林・生物多様性の保全も外部経済は大きいから，ODAによる支援対象とされてよい．実際に，日本の ODA 大綱（1992年閣議決定）

は，環境問題など地球的規模の問題への取組みを五大目標の初めに挙げ，1996年に打ち出されたDAC（開発援助委員会）の援助目標「21世紀に向けて——開発協力の貢献」でも，貧困解消，社会開発に加え，国家環境計画の策定など環境保全の目標，達成期限を定めた．しかし，DAC加盟国のODAの分野別配分（1998年）は，社会インフラ（衛生・保健，教育）30.4％，経済インフラ（運輸・通信・エネルギー）17.7％，生産セクター（農業・工業基盤）9.5％などインフラ重視である．また，ODAの対GNP比は，1984-85年平均の0.34％から1997-98年平均の0.24％へと大きく低下している．先進工業国が財政再建，少子化・高齢化への対応，冷戦後の戦略的援助の後退，IT整備を優先させれば，今後もODAは低迷するであろう．

他方，収益性の高い通信，エネルギー，運輸など経済インフラへの直接投資では，PFI（Private Financial Initiative）を含めた民活導入が大いに進んでいる．[27] 企業の海外生産は，OEM（Original Equipment Manufacturing），アウトソーシング，逆輸入に支えられ，開発途上国における金融・保険，公共事業へ参入する民間企業も増えた．企業の海外進出を支援するODA以外の公的開発金融も急減することはないであろう．民間資金としても，利子目的の銀行貸付け，キャピタルゲインや配当・利子目的の証券投資なども，開発途上国への資金流入を加速する．したがって，ODAが低迷する中で，開発途上国へ流入する民間の資金・資本とODAとが競争的になる状況が強まっており，今後は，ODAの分野別配分を見直し，民活導入が期待できない森林・生物多様性の保全などの環境分野を優先することが望まれる．

日本による環境ODAの供与額は，1989〜1993年累計の9157億円から1994〜1998年累計の1兆5914億円へと順調に増加し，ODAに占める比率も，1989〜1991年の7.2〜12.4％から1992〜1998年の12.8〜27.0％へと上昇した．しかし，環境ODAの借款比率は各期間とも70％を上回る（図13参照）．確かに，環境案件については1995年以来，一般案件よりも金利を0.2％ポイント引き下げた優遇金利を認め，1997年からは，省エネ，再生可能エネルギーと並んで，森林保全（植林）に，年利0.75％，償還期間40年（10年据え置き）という特別環

図13　日本の環境ODAの推移

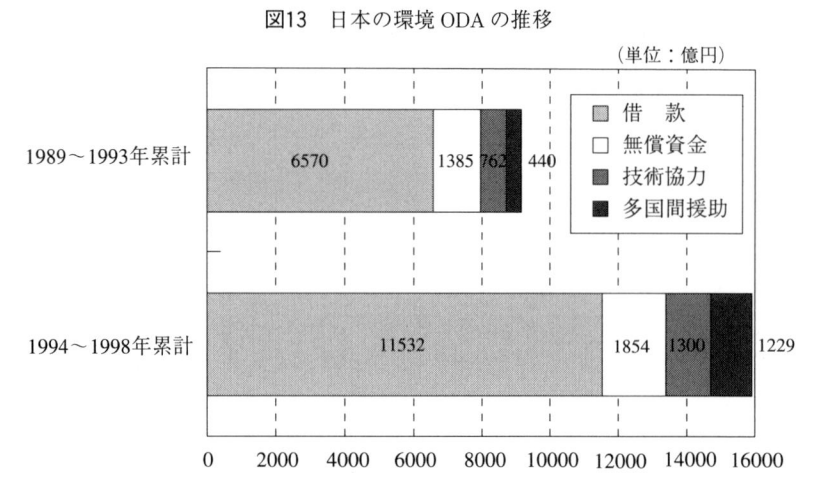

(単位：億円)

期間	借款	無償資金	技術協力	多国間援助
1989～1993年累計	6570	1385	762	440
1994～1998年累計	11532	1854	1300	1229

(出所) http://www.eic.or.jp/coop/j_p18.htmlより作成.

境案件金利を認めている.[28] しかし,森林・生物多様性の保全では,回収可能な金銭的利益は少なく,贈与による支援が望まれる.環境ODAの分野別配分は,上下水道,給水,河川流域の整備など水環境の配分比率が,1989～1993年累計の52.8%,1994～1998年累計の46.0%と高く,公害対策も17.5%から26.2%に上昇した.他方,森林保全の経費は710億円から1016億円に増加したが,その配分比率は,1989～1993年累計の8.1%から1994～98年累計の6.9%へと低下している.1998年の森林保全の無償案件は,中国の水土保全林12.5億円,ラオスの造林センター建設4.2億円,セネガルの苗木育成場7.4億円の3件に過ぎないのである.[29] 生物多様性の保全計画も,環境センター支援,多国間環境協力への資金拠出・出資を通じても行われているが,経費は少ない.

このように環境ODAによる森林・生物多様性への支援が進まない理由は,①円借款を中心とした支援が低収益の森林・生物多様性の保全にはなじまない,②無償資金は上水道整備など他分野に優先して配分されている,③開発途上国の側で森林・生物多様性保全計画を要請しない,④政府主導の援助体制の下では現地住民が参加する植林事業や森林・生物多様性保全計画の策定が

困難である，という4点が指摘できる．

　もちろん，草の根の環境協力も拡充されつつある．草の根無償は，内外のNGOが企画した1000万円以下の小規模な案件で，その中には沿岸資源の保全，植林などの環境事業も10%内外含まれる．1998年の草の根無償による環境協力は132件約7億円で，草の根無償の約12%に相当する．NGO事業補助金は，日本のNGOによる開発・環境案件を無償資金によって，支援するもので，1990年の1.9億円から1996年の8.2億円へと大幅に増加している．環境関連事業は，1998年には15案件，6000万円で，うち水環境が70%を占める．[30] 国際ボランティア貯金は，1990年に郵政省が始めた制度で，預金者が利子の20〜100%を寄付し，この資金でNGOを支援する．NGOへの配分金額は1992〜1995年で年23億〜28億円あったが，低金利のために1996〜1998年は年11億〜16億円に減少した．1998年はアジアとアフリカを中心に52カ国の234事業に12.4億円を配分した．支援分野は医療・衛生，教育が中心であるが，環境事業も23件，1.3億円（10.1%）ある．1998年の環境事業は，砂漠化防止・植林事業が多く，中国，タイ，フィリピン，ネパール，インドなど11カ国で17事業を支援している．1991〜1997年累計で，植林・苗木1466万本の成果を上げた．1993年には「地球環境基金」が環境事業団によって創設され，NGOの環境保全事業を支援するようになった．地球環境基金は国の出資と民間拠出から成っている．1999年には，国内の環境事業112件に2.6億円，開発途上国の環境事業105件に3.9億円を支援している．助成分野は緑化や植林以外にも，汚染防止，環境研究，環境教育，生物多様性保全計画など様々である．[31]

　事前の環境配慮としては，ODA案件に対する環境アセスメントがあるが，1985年にOECDは，ODA実施の早期の段階で環境アセスメントを行うことを勧告している．日本でも1989年にOECF（1999年末からは国際協力銀行に改組）が環境ガイドラインを策定し，経済インフラ整備などに環境アセスメントを義務づけた．国際協力銀行は，熱帯林，干潟，自然保護区，先住民居住地，大規模な住民移転に関連する大規模な計画には，借入れ者に事前の環境アセスメント評価の提出を求めている．融資承諾後も所定のモニタリングフォームに基づ

いた監視をする．他方，通信以外の経済インフラ，生産セクター，廃棄物処理施設については，国際協力銀行の環境チェックリストを用意し，大気，水，土壌，森林，生態系，廃棄物などの自然環境，移転住民，地域開発，資源保全などの社会環境の両面について検討，確認する．[32] JICAもダム建設，農業・林業・漁業開発などの分野について，事前調査に際する環境ガイドラインを作成し，環境への影響を評価した報告書を作成している．

5.2 多国間環境協力

150カ国以上が加盟する国際基金として，1990年に設置されたGEF（Global Environment Facility）は，世界銀行，UNDP（国連開発計画）が運営の中心となるが，開発途上国の温室効果ガス排出削減，生物多様性の保護，海洋・河川の監理，オゾン層の保護のほか，熱帯林の伐採や砂漠化による土壌侵食対策を支援する．1991～1999年にGEFが支援した案件は合計で338件，検討中を含めると120カ国で約500案件ある．経費は23.5億ドルで，GEFと連携した公私の協調融資は50億ドル以上に達し，この資金のうち20億ドルは開発途上国が負担している．計画は，案件数でみて，生物多様性が45.6％，エネルギーが33.7％で，経費の上では各々8億9100万ドル（協調融資12億ドル以上），8億4400万ドル（同43億ドル以上）である．[33] つまり，エネルギー開発は，天然ガスパイプライン，波力発電開発など収益性が高く，民間の協調融資が多いが，生物多様性は案件数は多いが，外部経済のため協調融資は少ない（図14参照）．

GEFによる陸上の生物多様性の保全計画は，①砂漠化防止（18件9636万ドル，GEF支援額の4.48％），②森林生態系の保全（53件3億4065万ドル，16.24％），③山岳生態系保全（10件5883万ドル，2.73％），④能力向上活動（66件4448万ドル，2.07％），⑤即効性プログラム（20件1億5913万ドル，7.40％）に区分される．具体的には，植生管理，保護区管理，生物多様性収集計画・保全開発統合計画，森林保全計画，野生保護管理計画，環境開発中米基金，生物多様性基金などがある．したがって，生物多様性の保全は，海洋生物保全とも関連しているが，砂漠化防止を含めて，森林に関わる計画が50％を占めており，森林と生物多様

第3章 熱帯林の経済分析――草の根の環境保全の試み　77

図14　GEF の支援案件（1989〜1998年累計）

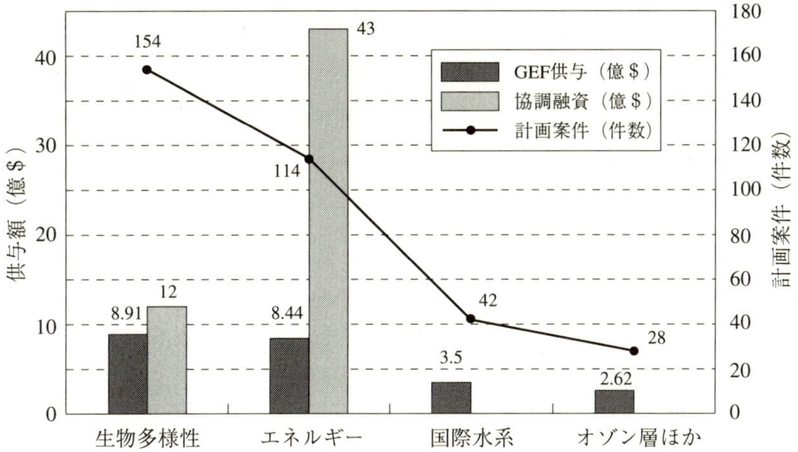

注：エネルギーは温暖化防止，国際水系は河川の水質保全など．検討中の計画も含む．
（出所）http://www.gefweb.org/assets/ より作成．

性の連関が重視されている．

　世界銀行も，GEF と連携しつつ，森林部門（林業と林業関連産業）に対して，1989〜2000年初頭までに約50億ドルの支援をしている．つまり，協同林業経営，社会林業，林業機関の能力向上，自然保護区，政策転換への技術的支援など様々な分野に対して，低利融資を行っている．しかし，1995年以降，年間支援額は1億〜3億ドルで低迷している．エネルギー部門と比較し，森林部門の利益は，外部経済が多く，金銭的利益として回収できないからであろう．[34] 世界銀行の計画は，1989年以来，2000年までに57件（実施は53件）ある．1億ドル以上の大規模案件としては，天然資源調整・管理，赤土地帯開発，森林資源開発・保全，貧困地域林業開発など10案件あるが，このうち8件は中国における砂漠化対策である．

5.3　村落開発金融

　従来の環境 ODA，多国間環境協力は大規模案件や政府，大企業のプロジェクトが中心であるが，地域コミュニティでのローカル・コモンズ管理を活かす

ような草の根の環境保全も重要である．そこで，現地住民や個人経営体の参加を促し，アグロフォレストリーを推進するために，村落開発金融を充実させ，資金支援を進めることが考えられる．つまり，現地住民を対象とした小規模な貸付けや少額貯蓄の受け入れなどの村落開発金融によって，現地住民の自助努力，現地NGOに資金を提供し，受益者の自助努力，オーナーシップを活かした持続可能な林業，森林・生物多様性の保全を進めるのである．この方法は，現地の実状を把握する現地の村落開発金融機関がODAなどのツーステップローンを受けながら個人経営体を直接支援するもので，援助NGOによる企画，計画策定は必要ない．つまり，取引費用を節約しつつ，現地住民を中心とした環境ネットワークを構築し，効率良く草の根の環境協力を実施できる．

例えば，タイのBAAC（Bank for Agriculture and Agricultural Cooperatives：農業・農業協同組合銀行）は，1996年現在，登録されている農家342万世帯，農協877団体（131万世帯加盟），農民グループ295組織（4万世帯加盟）に合計138億9900万バーツ（620億円，1バーツ＝4円）を融資し，返済額は100億バーツである．つまり，1世帯当たり平均2900バーツ（1万2000円）を融資したことになる．分野別配分は，米作28.6％，サトウキビ・トウモロコシ9.4％，ゴム6.5％，牛・ブタ15.0％，エビ4.0％など農牧業が中心となる．海外負債残高は1996年189億バーツ，1998年391億バーツで，1976～1998年のBAACへの円借款は累計727億円である．つまり，村落開発金融を通して，マイクロ・クレジットを個人経営体に供与する草の根援助である．そして，1998年の円借款では，植林と果樹栽培を組み合わせたアグロフォレストリー，農産物の加工事業なども計画されている．[35] UNDP，UNEP，世界銀行も，開発途上国の個人経営体の資本形成，ビジネス・チャンス拡充のために，NGOによる中規模プロジェクト（1件当たり経費100万ドル以下）にマイクロ・クレジットを供与する．UNDPは4100万ドルを用意して，1件当たり15万ドル未満の小規模案件への小規模贈与プログラムを開始し，25カ国の50機関が協力している．こうして，1997年には無担保で1億世帯へ1件当たり数千ドルを貸し出すことが決まった．[36] つまり，援助国や国際機関が，開発途上国のNGO，村落開発金融

機関に融資し，そこを通じて，個人経営体，現地住民へのサブローンを行う．そして，マイクロ・クレジットや小規模贈与プログラムによって，アグロフォレストリー，熱回収率の高いコンロの普及，バイオマスエネルギーの開発などの計画を支援するのである．

　村落開発金融の問題は，担保をとらない融資のために，モラル・ハザードが起こり，返済が滞る心配である．返済が滞れば資金源が減少し，新たな貸出しは困難になる．そこで，返済を順調に進めるために，地域コミュニティの住民ネットワークを取り込み，隣人を保証人とすることが考えられる．また，連帯感を維持するために，事業を再検討し，新規事業の説明をする会合を開くことも重要であろう．

5.4　クリーン開発メカニズムと炭素基金

　先進工業国が開発途上国でのCO_2排出削減を行い，それを自国のCO_2排出削減に計上するクリーン開発メカニズムは，気候変動枠組み条約の京都議定書で認められた．開発途上国において，CO_2を吸収する植林，バイオマスエネルギー開発などの事業を先進工業国が支援し，それによって削減されるCO_2を自国の排出削減枠に加えるのである．環境庁も1999年から「温暖化対策クリーン開発メカニズム事業調査」を始め，自治体，NGOによるクリーン開発メカニズムのフィージビリティ調査を募集している．1999年は22件の応募から8件を採択したが，うち6件は植林事業である．採用された住友林業の案件は，インドネシアでのCO_2吸収・貯蔵を最大化するような植林・造林調査，NGO「緑の地球ネットワーク」の事業は，中国黄土高原における緑化・植林事業，「オイスカ」の案件は，廃木材から木炭を作る事業である．[37] つまり，先進工業国が開発途上国での植林，バイオマスエネルギー開発を行い，CO_2排出枠を買い取ることで，持続可能な林業，森林・生物多様性の保全を進める試みである．

　排出権取引の基金としては，2000年初頭に世界銀行に炭素基金（PCF: Prototype Carbon Fund）も設置された．炭素基金は，第一次募集の終了した2000年4月段階で，先進工業国の電力会社，銀行，商社など15企業とオランダ，日

本など6カ国の政府から合計して出資1億3500万ドルを集めた.[38] 炭素基金は,京都議定書における柔軟性措置に則して温室効果ガス削減を目指す試みであるが,出資者は,削減された温室効果ガスの削減量を,第三者の審査,認証を受け,温室効果ガス削減証明書として受け取る.しかし,炭素基金の支援計画は,石炭・薪の天然ガス・地熱発電への代替,風力発電・小規模水力発電などエネルギー開発に集中している.そこで,今後は,森林再生計画,バイオマスエネルギー開発などを支援することが期待される.そして,そのためには現地住民の参加を促進し,草の根の環境保全に配慮せざるをえないであろう.

5.5 森林税・森林債

　森林管理をし,森林・生物多様性を保全する資金を賄うために,市民,企業に森林税を賦課し,森林のもつ外部経済を享受している経済主体全てから,税金を徴収することが考えられる.また,課税ではなく,森林債(森林証書)を発行して,市中で消化したり,市民,企業に購入を義務付けたりすることも検討すべきである.実際に,世論調査によれば,日本では,森林管理(国内)の費用負担の回答率は,「主に税金,一部森林所有者」(43.4％),「税金と森林所有者で折半」(34.6％)であり,公的資金の導入が支持されている.地球環境問題と森林について政府の対策については,「森林づくりの技術協力」(50.7％),「森林づくりの施設・資材・資金の提供」(44.0％),「森林伐採禁止」(38.2％),「森林づくりの国際取り決め制定」(32.5％),「NGOによる森林づくりの支援」(31.7％)である.[39] したがって,森林税・森林債の導入は,十分可能である.そして,それを原資として森林保全基金を創設し,その資金によって森林・生物多様性保全の経費を賄うのである.森林保全基金は,森林保全を支援する基金であり,植林,アグロフォレストリー,熱回収率の高いコンロの普及,有機農法,家畜飼育,堆肥の土地への還元など,持続可能な農林業に対する補助金としたり,自然保護区の設定・管理の費用を賄ったりする.

　森林保全基金の資金配分については,熱帯林が減少している開発途上国に優先して配分することが望まれる.開発途上国に対して,森林保全基金から補助

金や低利融資を行い，持続可能な林業，森林保全役務提供型農家，自然保護区の拡大のプロジェクトを支援する．一般財源からの資金供与も森林保全に有効ではあるが，森林保全基金は，情報公開によって収支を明らかにしつつ，支援の金額と効果を明瞭にできる．ODA, ITTOや世界銀行による森林部門の支援が資金難に陥っていることをふまえれば，外部経済は大きくとも金銭的利益の回収に結びつかない森林・生物多様性の保全には，広く市民，企業から資金を調達することが望まれる．つまり，受益者と負担者を国際的に結びつける方法が森林税・森林債発行による森林保全基金の設置である．

6．おわりに

開発途上国におけるローカル・コモンズの広まりと地域コミュニティや個人経営体の役割に注目すれば，持続可能な林業を進める際にも，輸出代替のような企業向けの支援だけでなく，アグロフォレストリー支援やそれを活かす財産権の設定など草の根の環境保全が考慮される必要がある．森林・生物多様性の保全を目的とした自然保護区の設置や「債務と自然環境のスワップ」も，現地住民の参加なくしては，有効に機能しない．そこで，ODAのような譲渡的資金の増額が期待できない現在，地域コミュニティの現地住民や個人経営体の雇用吸収力，ローカル・コモンズの管理を活用して，少ない経費で環境ネットワークを構築し，持続可能な林業，森林・生物多様性の保全を図ることが有効である．そして，インフラ中心のODAの分野別配分を見直し，村落開発金融機関を通じて，現地住民や個人経営体による草の根の環境保全を支援する．つまり，マイクロ・クレジット，小規模贈与を拡充するのである（図15参照）．村落開発金融を通じてODAを現地住民に供与することが，草の根の環境協力，環境ネットワークの構築につながるといえる．そして，その資金を充実させるためには，クリーン開発メカニズム，炭素基金と並んで，市民負担も含めた新たな財源として，先進工業国で森林税を賦課し，森林債を発行して，森林保全基金を創設すべきであろう．

開発途上国の地域コミュニティには，地縁・血縁，文化，感情に加えてワーク・シェアリング，ローカル・コモンズ管理を介した住民ネットワークが既に形成されている．そこで，これをふまえて環境保全を目的にした資金供与，技術移転（コンロの熱回収率の改善など），財産権の設定（土地改革を含むアグ

図15　熱帯林保全のための環境ネットワークの構築

持続可能な林業	森林・生物多様性の保全	資金の充実
①木材規制 　→原木禁輸・輸出税 ②輸出代替 　→付加価値向上・資源節約 ③植林 　（ユーカリ，アカシア） ④アグロフォレストリー 公的植林，マーケティング 加工促進，未利用樹種開発 コミュニティ林への支援 バイオマスエネルギー開発 （薪炭，バガス，籾殻，メタン） →現地住民の参加	①自然保護区の設置 ②債務と自然環境のスワップ ③在来種の植林 　（マングローブ，フタバガキ） ④財産権の設定 　（森林保全役務提供型農家） 応益原則・応能原則に基づく 自然保護区の設置費用の負担 NGO支援・草の根援助 税制インセンティブ・補助金 →現地住民によるローカル・コモンズ管理とモニタリング	①環境ODA →インフラ重視の従来型のODAの分野別配分見直し（援助疲れ，民活導入への配慮） →贈与比率の向上 （外部経済・現地住民への配慮） →森林・生物多様性の重視 ②多国間環境協力 →ITTO・GEF・世界銀行 ③クリーン開発メカニズム →植林とCO_2排出許可証 ④炭素基金 ⑤森林税・森林債 →森林保全基金の創設
草の根の環境協力（現地住民・個人経営体の参加） 村落開発金融（マイクロ・クレジット，小規模贈与）		

⇓　　　　⇓

開発途上国の熱帯林		
コモンズ	アグロフォレストリー	生物多様性
大気・水・土壌の維持 CO_2吸収・貯蔵 →地球温暖化防止 精神的豊かさ	遮蔽帯（土壌侵食防止） 薪炭（再生可能エネルギー） 用材・林産物の供給 食料・糧秣の供給	バイオテクノロジー 生物の売買取引 エコツーリズム 食料・薬用動植物
外部経済（フリーライダー・収奪的利用の危険） ローカル・コモンズの管理（意図せざる環境保全）		先進工業国・企業中心 の利益配分の見直し
地域コミュニティ（現地住民・個人経営体・土地なし労働者・不法占有者・先住民・女性）		

（出所）筆者作成．

ロフォレストリー支援）といった草の根の環境協力を進めて環境ネットワークを構築するのである。

注

1) 森林の定義や統計手法は，WRI(1998)pp.300-302参照．
2) GTOS は，http : //www.fao.org/GTOS/PAGES/Obj.html 参照．GOFC の「1 キロ㍍グローバル土地利用データベース」は土地を17種類に分類し，1 キロ㍍の解像度で識別していく (http : //www.gofc.org/gofc/projects.html)．「グローバル森林マッピング計画」では，日本の宇宙開発事業が熱帯雨林マッピングを担当した (http : //www.cars.go.ca/ccr/tekrd/satsens/sats/satliste.Html, http : //www.gocf.org/gofc/project 1.html)．
3) 温暖化に対する森林減少の寄与度は，Botkin and Keller(1998)p.461は20%，Tolba(1992)p.71は26-33%，O'Riordan(1995)p.322は23%など差が大きい．
4) 生物多様性の減少は，WRI(1998)，世界資源研究所他編 (1993) 2-3，15-19頁参照．貿易も絶滅危惧種の減少に結びつく（経済協力開発機構編 (1995) 191-197頁）．
5) 砂漠化は，http://www.unccd.de/conv/ccdeng.Html, http://www.unccd.de/conv/leaflet.html，熱帯林減少の要因は，拙著 (2001) 第6章参照．
6) タイの薪消費量，コンロの性能は，MAC (1984 b) pp.32-33, table 5.6参照．FAO の推計でも，中国の薪炭生産は，1998年1億9095万立方㍍，1999年3億8194万立方㍍と変化が大きい．これは推計方法の変更のためであろう．
7) 樹木・木材の浪費は，Barbier et al. (1994) p.144, Miller (1996) p.286参照．
8) 熱帯材貿易は，http : //appsl.fao.org/servlet/XteServie，タイの森林減少と伐採権は，田坂 (1991) 102-111頁参照．
9) カンボジアの伐採権は，アジア経済研究所編 (1996) 260-261頁参照．カンボジアの木材がタイに密輸され，タイ首相の収賄疑惑も持ち上がった（朝日新聞1997年1月24日参照）．
10) 焼畑は，井上 (1991)，農地拡大とワーク・シェアリングは，拙著 (1998) 32-42頁参照．農業補助金の弊害は，オコンナー (1996) 158-159頁，経済協力開発機構編 (1995) 38-43頁参照．
11) マレーシア，ブラジルで企業的フロンティア開発が先住民やゴム採取人を圧迫している状況は，ホン (1989)，メンデス (1991) 参照．
12) 木材規制は，パークス (1994)，経済協力開発機構編 (1995) 113-119頁参照．
13) ITTO は，http : //www.itto.or.jp/, Barbier et al.(1994) pp.1-4 参照．
14) タイのマングローブ林は，NSO (1996) table 4.7参照．
15) 1999年末の会員は49カ国356機関・人，森林認証機関は米英など先進工業国

に6機関ある．会員は社会，商業，環境，経済の分野別均衡と南北別均衡に配慮して選ばれた理事会の下に統括される（http://wwfjapan.aaapc.co.jp/Katudo/Forest/KFor 02.html, http://www.fscoax.org/）．森林認証制度は，http://wwfjapan.aaapc.co.jp/Katudo/Forest/KFor 014.html 参照．

16) 製紙業界による海外の植林・造林は，小林（2000）参照．

17) ユーカリ植林の進展と問題点は，田坂（1991）122-141頁参照．富士通タイランドは，2000年1月から森林再生ボランティアに着手する．植林260平方㌔の費用600万円を会社とタイ従業員の募金（300万円）で折半する方針を示した．しかし，従業員は1人当たり333円（平均月収の3.3％相当）の負担となり，募金に消極的である（朝日新聞1999年10月28日）．これは造林地域における住民や従業員の財産権に配慮していないためであろう．

18) アグロフォレストリーは，MacDicken and Vergara（1990）pp.355-367参照．籐，鉄木，黄壇，チョウジなど古代からの熱帯林産物は高谷（1985）15-17頁，古川（1992）15-19頁参照．

19) 村落森林区画計画は，MAC（1984 a）pp.15-17, 57参照．IDRCも1975年から5年計画で，スーダンで，気候と水環境を研究しつつ，防砂林を拡張する計画に16万5000㌦を贈与し，被援助側のスーダン農業食糧天然資源省も15万8900㌦を負担した．IDRCの防砂林の研究，造林は，ナイジェリアのサバンナ林業研究所，チュニジアの国立林業研究所との協同事業としても実施された．薪炭供給用の造林とそれに適した樹木の研究は，1974～76年に既に南米，アフリカで実施された．熱帯材利用技術の開発計画は，IDRCとペルー，コロンビアなど5カ国の政府とが180万㌦を折半して，100種以上の用材向け樹木を適切に活用する技術の確立，木材品質の向上，家具のデザイン改良などを目指すものである（Sanger et al.（1977））．

20) 生物多様性条約はバイオセイフティ議定書も含め『産業と環境』第27巻第1号，1998年，自然保護の条約は，世界資源研究所他編（1993）66頁参照．

21) インドネシアの国立公園は，日本環境会議編（1997）200-201, 208頁参照．

22) 「債務と自然保護のスワップ」は，Miller（1996）p.292, Glasbergen and Blowers（1995）p.160, World Bank（1992）pp.168-169，環境庁（1992）188-189頁，世界資源研究所他編（1993）79-80頁，パークス（1994）参照．債務返済と熱帯林減少は関連が薄いとの見解も有力である（Barbier et al.（1994））．CIは，http://www.conversation.org/WEB/Fieldact/C-C_PROG/ECON/biopros.htm 参照．

23) マングローブ植林計画は，http://www.tokiomarine.co.jp/j 0701/html, 環境庁（1992）149-154頁参照．オイスカは，http://www.oisca.org/basic/kankyo.htms 参照．

24) コモンズは，Glasbergen and Blowers（1995）pp.179-180参照．

25) 財産権とアグロフォレストリーの関連は，Ellis（1993）pp.248-258, NSO（1995）pp.563-564，拙著（1998）152-154頁参照．

26) ジェンダーは，Ellis (1993) ch.9, UNDP (2000) table 2. 26参照.
27) 援助動向は，OECD (1999) tables 29, 30, 31, 31, http://www.oecd.org/dac/htm 参照. BOT 方式によっても，公共事業の市場開放も進んでいる.
28) 環境協力の方針は，http://www.mofa.go.jp/mofaj/gaiko/chikyu/kankyo/cop 3/kyoto.html 参照.
29) 環境 ODA は，http://www.eic.or.jp/eanet/coop/coop/j_p 18.html, 外務省経済協力局編 (1999) 79頁, 拙著 (2001) 第3章参照. JICA の環境協力は, CD-ROM 「国際協力事業団1999資料」所収の『国際協力事業団年報1999資料編』, http://www.eic.or.jp/eanet/coop/coop/j_p 18.html 参照.
30) 草の根無償, NGO 事業補助金は, 外務省経済協力局編 (1997), 同 (1999) 参照.
31) 国際ボランティア貯金は, http://volunteer-post.mpt.go.jp, 環境事業団は, http://www.eic.or.jp/jfge/look/hll/03.html 参照.
32) 環境ガイドラインは, http://www.jbic.go.jp/japanese/environ/guide/general/html, 環境チェックリストは, http://www.jbic.go.jp/japanese/environ/guide/check/list 08.html, OECF 『年次報告書』(http://www.jbic.go.jp/japanese/achieve/oecf/1998/) 参照.
33) GEF には, 現在は165カ国が加盟し, 理事会は開発途上国16カ国, 先進工業国14カ国, 移行国 (東欧・旧ソ連) 2カ国から構成される (http://www.biodiv.org/chm/chm-gef.html, http://www.unep.ch/iuc/submenu/infokit/fact 28.htm).
34) 世界銀行の林業支援計画は, http://wbln 00018.worldbank.org/essd/kb.nsf/ 参照.
35) BAAC の登録農家は, http://www.baac.mof.go.th/english/operations_main_fiscal/htm, 融資配分は, http://www.baac.mof.go.th/english/operations_fiscal/main/product.htm 参照. BAAC への円借款は「地方開発・雇用創出信用事業」も含めて, http://www.jbic.go.jp/japanese/achieve/oecf/1998/ (OECF『年次報告書』182-186頁) および岸 (2000) 参照. このほか, バングラデシュのグラミン銀行は, 1976年の設立以来, 村落巡回員を中心に女性グループを作り, 村落集会を定期的に開催しながら, 1件当たり100ド強を与信してきた. 日本も1995年に同銀向けに「農村開発信用事業」29億8600万円を融資した (gopher://gopher.undp.org：70/00/uncofs/wssd/summit/ngo/950309154623).
36) マイクロ・クレジット, 小規模贈与は http://www.undp.org/dpa/publications/annualreport/index.html 参照. コンロのエネルギー効率改善は, 薪炭節約に寄与する点で, 森林保全となる (MAC (1984 b)).
37) クリーン開発メカニズムは, http://www.unfccc.de/fccc/docs/cop 3/, 天野 (1997) 156-170頁, 温室効果ガスは, http://www.unep.ch/submenu/infokit/fact 03.htm 参照.
38) 炭素基金は, http://www.prototypecarbonfund.org/Projects.cfm?Item=4参照.
39) 森林に関する世論調査は, 総理府広報室編 (2000) 参照.

参 考 文 献

アジア経済研究所編（1996）『アジア動向年報』1996年版，アジア経済研究所．
天野明弘（1997）『地球温暖化の経済学』日本経済新聞社．
井上　真（1991）『熱帯森林の生活―ボルネオの焼畑民とともに』築地書館．
オコンナー，デビット（1996）寺西俊一他訳『東アジアの環境問題』東洋経済新報社．
外務省経済協力局編（1997）『我が国の政府開発援助』上巻　国際協力推進会．
―――（1999）『我が国の政府開発援助（総論）』上巻　国際協力推進会．
環境庁（1992）『熱帯雨林をまもる』日本放送出版協会．
岸　真清（2000）「タイの環境関連プロジェクトと金融システム」宇沢弘文・田中廣滋編『地球環境政策』中央大学出版部．
経済協力開発機構編（1995）『OECD：貿易と環境―貿易が環境に与える影響』中央法規出版．
小林紀之（2000）「日本企業による植林事業の推進」『季刊　環境研究』第117号．
世界資源研究所他編（1993）『生物の多様性保全戦略』中央法規出版．
総理府広報室編（2000）『月刊　世論調査』平成12年2月号，大蔵省印刷局．
高谷好一（1985）『東南アジアの自然と土地利用』勁草書房．
田坂敏雄（1991）『熱帯林破壊と貧困化の経済学―タイ資本主義化の地域問題』御茶の水書房．
鳥飼行博（1998）『開発と環境の経済学―人間開発論の視点から』東海大学出版会．
―――（2000）「持続可能な開発のための国際協力―南北関係の視点から」宇沢弘文・田中廣滋編『地球環境政策』中央大学出版部．
―――（2001）『環境問題と国際協力―持続可能な開発に向かって』青山社．
日本環境会議編（1997）『アジア環境白書　1997/98』東洋経済新報社．
パークス，クリス・C.（1994）『熱帯雨林の社会経済学』農林統計協会．
古川久雄（1992）『インドネシアの低湿地』勁草書房．
ホン，イブリン（1989）『サラワクの先住民―消えゆく森に生きる』法政大学出版局．
メンデス，シコ（1991）『アマゾンの戦争―熱帯雨林を守る森の民』現代企画室．
Barbier, Edward B. *et al*. (1994) *The Economics of the Tropical Timber Trade*. Earthen, London.
Botkin, Daniel B. and Keller, Edward A. (1998) *Environmental Science : Earth as a Living Planet*. John Wiley & Sons, New York.
Ellis, Frank (1993) *Peasant Economics: Farm Households and Agrarian Development*. Cambridge University Press, Cambridge.
Glasbergen, Pieter and Blowers, Andrew eds. (1995) *Environmental Policy in an International Context: Perspectives on Environmental Problems*. Arnold, London.

MAC: Ministry of Agriculture and Cooperatives, Royal Thai Government (1984 a) *The Village Woodlot: Its Implication in Thailand*. National Energy Administration.
—————(1984 b) *Improved Biomass Cooking Stove for Household Use*. National Energy Administration.
MacDicken, Kenneth G. and Vergara, Napoleon T. eds. (1990) *Agroforestry: Classification and Management*. John Wiley & Sons, New York.
Miller, G. Tyler Jr. (1996) *Living in the Environment: Principles, Connections, and Solutions*. Wadsworth, Belmont.
NSO: National Statistical Office, Office of the Prime Minister (1996) *Environmental Statistics of Thailand 1995*. NSO, Bangkok.
—————(1999) *1998 Intercensal Survey of Agriculture*. NSO, Bangkok.
NSO: National Statistics Office (1995) *1995 Philippine Yearbook*. NSO, Manila.
OECD: Organization for Economic Co-operation and Development (1999) *Development Co-operation; 1998 Report*. OECD, Paris.
O'Riordan, Timothy ed. (1995) *Environmental Science for Environmental Management*. Longman, Essex.
Paine, James R. *et al*.(1997) "Status, Trends and Future Scenarios for Forest Conservation Including Protected Areas in the Asia-Pacific Region." World Conservation Monitoring Center, Working Paper No: APFSOS/WP/04.
Sanger, Clyde *et al*. (1977) *Tree for People: An Account of Forestry Research Program Supported by the International Development Research Center*. IDRS, Ottawa.
Tolba, Mostafa K. (1992) *Saving Our Planet: Challenges and Hopes*. Chapman & Hall, London.
UNDP: United Nations Development Programme (2000) *Human Development Report 2000*. Oxford University Press, Washington, D.C..
Whitmore, T.C. and Sayer, J.A. eds. (1992) *Tropical Deforestation and Species Extinction*. Chapman & Hall, London.
World Bank (1992) *World Development Report 1992*. Oxford University Press, Washington, D.C..
—————(2000) *World Development Indicators*. Oxford University Press, Washington, D.C..
WRI: World Resources Institute (1996) *World Resources 1996-97*. Oxford University Press, New York.
—————(1998) *World Resources 1998-99*. Oxford University Press, New York.

第 4 章

環境保全型農業に向けての農業政策

1. はじめに

　農業労働の軽減,収穫量の確保のための化学肥料,農薬の多量投入は土壌汚染,水質汚濁,生態系の破壊をもたらし,さらに農作物の安全性にも影響を及ぼしている.また,耕地確保のために行われる森林伐採は,ダムの機能を備えていた森林がなくなることにより,洪水,土壌浸食の原因となり,しかも温暖化の原因にもなる.このような生産効率を向上させるための集約的な農業生産様式,土地開発は,環境を悪化させた要因と考えられる.[1]そのため,環境負荷を抑えるための農業生産技術の開発や環境保全を考慮した農業政策が検討,実施されている.[2] 環境保全にも配慮した農業が確立されるためには,農家は環境保全を考慮した農業活動を実践し,政策当局はそのような農家を支援することが求められるであろう.経済学の枠組みの中で環境保全に配慮した農業政策を政策当局が実施するための手段として,環境保全型農業[3]を農家に対し義務的,強制的に実行させる手法や補助金・技術援助等により農家に環境保全型農業を行わせるように誘導させる手法が考えられる.このような2つの政策手段に注目したWuとBabcock (1999) は1つの地域における農家に対して環境保全型農業を政策当局が義務的に行わせる政策プログラム（以下「義務的プロ

グラム」と呼ぶ）と補助金・技術援助等を利用して農家を環境保全型農業へ誘導する政策プログラム（以下「誘導的プログラム」と呼ぶ）の相対的な効率性の比較を検討して，誘導的プログラムが義務的プログラムより効率的になるための条件を提示した．[4]そこでの分析では，2つのプログラムの両方において当該地域のすべての農家が参加した状況で，それぞれの社会的総費用の比較が行われている．しかし，実際にはすべての農家が環境保全に配慮した農業を行っている段階には達していないことから，WuとBabcockのモデルは極端な例の一つとして考えなければならない．すべての農家が環境保全のプログラムに参加しないことが前提となっているのなら，どれだけの農家が誘導的プログラムに参加すれば誘導的プログラムが義務的なプログラムよりも効率的になるのかが検討される必要がある．また，当該地域において，自然保護や水質保全の観点から重要な地区が存在するなら，政策当局はその地区を保全地区として指定するであろう．その時，政策当局は保全地区の農地を所有する農家に対して環境保全活動をさせるために所得補償，技術援助等を利用すると考えられる．残りの地区に対しては環境保全に関する規制のみが実施され，当該地域において誘導的な政策と義務的な政策の両方が実施される状況もあり得る．このような2つのプログラムを用いて当該地域を区分して，環境保全対策を実施する手法は一種のゾーニング政策とみなされる．当該地域においてゾーニング政策として誘導的，義務的プログラムの2つが活用された場合，それぞれのプログラムに農家をどの程度割り当てれば，全体の費用が最小になるかが検討される必要があるだろう．

　本章において検討される点は次の2点である．最初に，各プログラムに参加する当該地域の農家の戸数が同一ではないという仮定の下でWuとBabcockのモデルが拡張される．各プログラムに参加する農家の戸数が同一ではない仮定のもとで，どれだけの農家が誘導的プログラムに参加すれば，誘導的プログラムが義務的なプログラムより相対的に効率的になるのかが明らかにされる．なぜこのような誘導的プログラムと義務的プログラムの比較を行い，誘導的プログラムの有効性を確認するのかといえば，誘導的プログラムが農家に対し環

境保全の意識を高めさせる効果があり，また環境保全型農業の確立に大きく貢献すると期待されるなら，誘導的プログラムの優位性を検討することは意義のあることだと思われるからである．次に，当該地域においてゾーニング政策として誘導的プログラム，義務的プログラムの2つが活用される場合，各プログラムに対しどの程度の農家を割り振れば全体の費用が最小になるのかが明らかにされる．このような分析が求められる理由としては，政策当局が複数の政策手段を効率的に活用するための条件が必要であるからである．

　本章の構成は次のようになる．2節において本章の基本モデルが説明される．基本モデルはWuとBabcockのモデルが拡張されたモデルである．2.1, 2.2では，誘導的プログラム，義務的プログラムにおける農家の損失の最小化問題が定式化され，政策当局の行動が定式化される．2.3では誘導的プログラムにおける政策当局の社会的総費用を最小にする補助金率と環境保全型農業に対する支援水準の条件が提示される．3節では，各プログラムに参加する当該地域の農家の戸数が同一ではないという仮定の下で，2つのプログラムの比較が行われ，誘導的プログラムが義務的なプログラムにより相対的に効率的になる条件が明らかにされる．4節では，当該地域において誘導的プログラム，義務的プログラムの2つが実施される場合，各プログラムに対しどの程度の農家を割り振れば全体の費用が最小になるかの条件が提示される．5節では，日本における環境保全型農業の取組みの現状と環境保全型農業を行う上での問題点が整理される．

2．環境保全プログラムにおける農家と政策当局の行動

　ある1つの地域において，全農家の戸数がn戸であるとする．また，農家i（$i=1, 2, \cdots, n$）が所有している農地面積はa_iで，その地域の農地総面積は$A=\sum_i^n a_i$になる．農家は自分が所有する農地で耕作を行って収益を上げるが，農家が環境保全に考慮しないで耕作する場合，農地は耕作における化学肥料，農薬等の使用により汚染されるであろう．[5] 本章において，農業部門

の環境保全活動が促進される必要があることから,環境に配慮した保全プログラムが存在すると仮定する.しかし,農家はこのようなプログラムのもとで耕作すると保全プログラム採用以前のように同じ収益を上げることはできないと考える.というのも,環境保全が考慮されるためにその分の費用が上乗せされ,以前と同じ水準の収益は得られないからである.このような状況のもとで,保全プログラム採用による農家 i の損失または負担することになる費用 c_i は Wu と Babcock にしたがって,

$$c_i \equiv c_i^0 + c_i(e_i) + we_i,$$

と定義される.c_i^0 は保全プログラム採用のために生じた減収であり,回収不能な減収,損失である.この減収は例えば農家が所有する農地の一部を地力回復のために利用しない時に生じる減収に相当する.$c_i(e_i)$ は,農家が損失を小さくするために努力 e_i をしても避けられない損失である.$c_i(e_i)$ は凸で減少関数とする ($c_i'(e_i) < 0$, $c_i''(e_i) > 0$).この損失の例としては,環境に配慮した耕作に関する知識(土づくり,総合的防除に関する知識)の習得に努めることは農家には負担にはなるが,環境保全を行う負担,損失は一部軽減される性質を備えたものである.w は農家 i の損失を抑えるための努力の単位当たりの費用になり,we_i は環境に配慮する際の労働費に相当する.

　一方,政策当局は保全プログラムを奨励するために農家に対し支援活動を行うと考える.本章では,Wu と Babcock に従い,政策当局の支援活動は,回収不能な損失に対して補助金(subsidies)を支給することや努力しても回収できない損失に対して環境保全に有益な情報の提供,技術援助等を行うことにより保全プログラムを採用する時にかかる負担の一部を軽減するサービス(services)である.農家にサービスを提供する時,そのサービスが公共財としての性質を備えているなら,政策当局は各農家を区別することなく同じ水準のサービスを提供すると仮定する.政策当局が農家に提供するサービスの単位を g とし,その費用は $p(g)$ とする.この関数は $p'(g) > 0$, $p''(g) > 0$ を満たすものとする.すべての農家に対する政策当局サービスの総費用は $p(g)n^\gamma$ で示される.パラメーター γ ($0 \leq \gamma \leq 1$) は公共財である政策当局サービスの競合性

の程度を表すものである．このような政策当局の補助金，サービスは誘導的プログラムにおいてのみ与えられるものとする．義務的プログラムでは，政策当局は農家が保全プログラムを採用しているかいないかを監視し，保全プログラムを採用していない農家にペナルティーを科す．政策当局は保全プログラムに参加していない農家を確実に摘発するものとする．

2.1 義務的なプログラム下での農家の意思決定

義務的なプログラムは，政府が農家に対して環境保全に配慮した耕作を義務付けさせるプログラムで，農家に対する環境規制の一種であるとする．このプログラムにおける政策当局の行動は次のようなものである．政策当局は義務的プログラムに従わない農家を監視する．その監視には行政上の費用が政策当局に存在することになる．また，義務的プログラムでは，農家に対して環境保全に関するサービス g は供給されないし，補助金 s も支給されないものとする．一方，農家は必ずしもこのプログラムに参加するとは限らないと考えられるが，義務的なプログラムにおいて，保全プログラムに参加しない農家は政府に確実に見つけられ，ペナルティーが科されるものとする．[6] 農家が義務的なプログラムを参加した場合，農家の費用最小化問題は次のようになる．

$$\min_{e_i} \; c_i^0 + c_i(e_i) + we_i. \tag{1}$$

このプログラムのもとで最適な努力水準 e_i^m が得られるための1階の条件は次の式になる．

$$-c_i'(e_i^m) = w. \tag{2}$$

(2)式の左辺は保全プログラム採用により発生した損失を努力することによって削減させた時の限界便益，右辺の w は損失を削減するために努力した時の限界費用である．

義務的プログラムでの農家 i の総損失は

$$L_i^m \equiv c_i^0 + c_i(e_i^m) + we_i^m, \tag{3}$$

になる．当該地域で義務的プログラムに従った各農家の損失((3)式)をもとに，

義務的プログラムにおける政策当局の社会的総費用 L^m が以下のように示されることになる.

$$L^m \equiv \sum_{i}^{n^m} L_i^m + R^m, \qquad 0 < n^m \leq n. \tag{4}$$

n^m は義務的なプログラムの対象になった農家の戸数, R^m は義務的プログラムにおける政策当局の監視と実施費用を表す.この行政上の費用は義務的プログラムの対象になる農家の戸数と農地面積に依存する.農家の戸数,保全の対象になる土地の面積が増大するにしたがい,政策当局の行政上の費用は増加すると考える.

2.2 誘導的プログラム下での農家の意思決定

誘導的プログラムでは,政策当局は農家に対しサービス g を提供するだけでなく,補助金 s を支給して環境保全おける農家の負担を軽減させ,保全プログラムに参加しやすいようにする.また,このプログラムにおいて農家が保全プログラムを採用しない場合,政策当局は義務的プログラムの時のようにペナルティーを農家に科すことはないものとする.農家 i が誘導プログラムに参加した時,政策当局が補助金を支給する前の農家の費用最小化問題は

$$\min_{e_i} \quad c_i^0 + c_i(e_i + g) + w e_i, \tag{5}$$

によって表される.誘導的プログラムでは,農家は義務的プログラムのように保全プログラムの採用により生じた損失を農家の努力のみで回収するのではなく,政策当局が一部支援してくれるプログラムであると理解される.誘導プログラムにおける1階の条件は

$$-c'(e_i^v + g) = w, \tag{6}$$

となる.e_i^v はこのプログラムにおける農家 i の最適な努力水準である.g を所与としたとき,$e_i^v = e_i^m - g$,また,$L_i^v \equiv c_i^0 + c_i(e_i^v + g) + w e_i^v = c_i^0 + c_i(e_i^m) + w(e_i^m - g) = L_i^m - wg$ となる.誘導的プログラムでは,農家の損失を回収するための努力は義務的プログラムの時よりも g の分だけ軽減されることになり,この

時の農家の総損失は wg の分だけ減少する.

2.3 政策当局サービスと補助金の最適な水準

環境保全プログラムが採用されるときに，農家には採用前と比べて環境保全の負担が生じ，農家の収益が減少することが考えられる．農家の減収の大きさは農家の努力次第で減らすことが可能だが，環境保全プログラムを自発的に農家に採用してもらうためには，政策当局が農家を支援する必要があるだろう．そのため本章では政策当局は環境に配慮した耕作技術，知識等の提供といったサービス g を供給し，環境に配慮した耕作をするのに必要な資金を耕地面積当たりに対して補助金 s を用いて支援すると想定する．政策当局がすべての農家に対し支援する際の総支出は $E^v \equiv \sum^n a_i s + p(g) n^\gamma$ で表せるものとする．しかし，この支援の費用が租税から調達される場合，課税による歪みが生じる可能性がある．この点を考慮するならば政策当局の支出の社会的費用は $(1+\lambda)E^v$ となり，課税による歪みによって生じた限界的な死荷重 λ が社会的費用に追加されることになるであろう．

政策当局が支給する補助金が耕地面積当たり一律の場合，すべての農家が誘導プログラムもとで保全プログラムに参加するための必要条件は，保全プログラムに参加した農家の中で最も損失が大きい農家にも補償されるような水準に補助金の水準が設定されなければならないであろう．しかし，誘導的なプログラムのもとで農家は保全プログラムを採用するかしないかを決めるが，保全プログラムを採用しないからといってペナルティーが科されることはないから，すべての農家が誘導的なプログラムにおいて保全プログラムを採用しない可能性がある．このような状況のもとでの政策当局の最適化問題は次のようになる．

$$\min_{g,s} \sum_{}^{n^v} (L_i^m - wg - a_i s) + (1+\lambda)\left(\sum_{}^{n^v} a_i s + p(g)(n^v)^\gamma\right), \quad 0 < n^v \leq n, \tag{7}$$

$$\text{s.t.} \quad a_\delta s \geq L_\delta^m - wg. \tag{8}$$

(8)式の添え字 δ は政策当局の計算に基づいた単位面積当たりの平均損失が

最も大きい農家を表し,[7] (7)式の n^v は誘導的プログラムに参加した農家の戸数を示す.(7)式では誘導的プログラムにおいて保全プログラムを採用する農家が n 戸すべてであるとは限らない場合が考慮されている.[8] そのため,誘導的プログラムのもとで保全プログラムを採用する農家は補助金,サービスを受け取ることができるが,採用しない農家は政策当局からの支援がないと考えられる.誘導的プログラムにおいて保全プログラムを採用すれば政策当局から援助が受けられるのに農家が保全プログラムを採用しないのは,次のような理由があるからだと考えられる.保全プログラム採用により農業所得が大きく減収したり,労力や資材コストがかかったり,収穫量が不安定であることが環境保全のプログラムを採用しない理由となる.これらの理由を考慮するなら保全プログラムを採用するより採用前の農業経営を維持することが農家にとって望ましいケースがありうるだろう.本章では政策当局は誘導的プログラムにおいて環境保全型農業を行わない農家に対してはペナルティーを与えることもなければ,何の援助もしないとみなされる.

次に(7),(8)式を解くことを検討するが,この最適化問題の最適解が与えられる時,(8)式が有効(binding)でなければならないので,$a_\delta s = L_\delta^m - wg$ となる.この最適化問題の1階の条件は

$$n^v w + \lambda w \frac{\sum_{i}^{n^v} a_i}{a_\delta} = (1+\lambda) p'(g^*)(n^v)^\gamma, \qquad (9)$$

となる.ここで $\sum_{i}^{n^v} a_i = A^v$ とおく.(9)式の左辺は政策当局がサービスを追加的に増加した時に生じる限界便益である.左辺の最初の項は,政策当局がサービスを農家に提供したことによる農家の負担が軽減した分を意味し,2番目の項は,政策当局が農家に支給する補助金により生じた死荷重の限界的な減少を意味する.(9)式の右辺は,政策当局が農家に提供するサービスの社会的な限界費用を意味する.次に(9)式において陰関数定理を用いると以下の式が導出される.

$$\frac{\partial g^*}{\partial \gamma} = -\frac{p'(g^*)\log n^v}{p''(g^*)} < 0, \quad \frac{\partial g^*}{\partial w} = \frac{p'(g^*)}{w p''(g^*)} > 0, \qquad (10)$$

$$\frac{\partial g^*}{\partial A^v}=\frac{\lambda w}{(1+\lambda)p''(g^*)(n^v)^\gamma a_\delta}>0, \quad \frac{\partial g^*}{\partial n^v}=\frac{w-(1+\lambda)p'(g^*)\gamma(n^v)^{\gamma-1}}{(1+\lambda)p''(g^*)(n^v)^\gamma}.$$

(11)

(10)式の最初の式は，政策当局が提供するサービスの競合性が高まれば（γ の値が大きくなれば），政策当局はサービスの供給量を減らすことを意味する．逆に政策当局のサービスの公共財の性質を備える割合が高まれば，サービスの供給を増やすのが望ましいと考えられる．2番目の式では，農家iの損失を抑えるための努力の単位当たりの費用wが上昇するなら，政策当局のサービスの供給量を増加させた方がよいと理解できる．(11)式の最初の式は，保全プログラムに参加する農家の耕地面積が増加すれば，政策当局のサービスは増やされるべきであるということを意味する．(11)式の2番目の式は，保全プログラムに参加する農家の数が変化したときに政策当局のサービス量の変化が増えるか減るかを表すものだが，分子の符号が正または負のどちらになるか明確に定まらないため，農家の戸数が増加しても，政策当局のサービスの供給量の変化は不明瞭である．分子の政策当局のサービス供給による限界便益の変化率wが，サービス供給の限界費用の変化率$(1+\lambda)p'(g^*)_\gamma(n^v)^{\gamma-1}$より大きいなら，(11)式の2番目の式は正となり，プログラムに参加する農家が増えれば，サービスが増やされる必要がある．さらに，(9)式を$(1+\lambda)p'(g^*)(n^v)^\gamma$について解き，(11)式の分子に代入すれば，

$$\frac{\partial g^*}{\partial n^v}=\frac{w(1-\gamma-\lambda\gamma(A^v/n^v a_\delta))}{(1+\lambda)p''(g^*)(n^v)^\gamma},$$

(12)

となる．$\gamma=1$の時，$\partial g^*/\partial n^v<0$となり，政策当局のサービスが完全な競合性の性質を備えているのであるなら，農家の数を増やすことはサービス供給の水準を減少させることになる．$\gamma<1/(1+\lambda A^v/n^v a_\delta)$の時，(12)式の分子は正になり，$\gamma>1/(1+\lambda A^v/n^v a_\delta)$の時，(12)式の分子は負になる．

次に，誘導的プログラムにおける政策当局の行政上の費用が考慮された場合の社会的総費用を定式化しよう．(7)，(8)式が解かれることによって得られた最適なサービスの水準がg^*で，これを所与とするなら，最適な補助金の水準

である s^* は(8)式から得られる．したがって，誘導的プログラムにおける社会的総費用は

$$L^v \equiv \sum_{}^{n^v}(L_i^m - wg^*) + \lambda A^v s^* + (1+\lambda)p(g^*)(n^v)^\gamma + R^v, \tag{13}$$

によって与えられる．R^v は，誘導プログラムにおける政策当局のプログラム実施費用である．ここで，誘導的，義務的なそれぞれのプログラムの行政上の費用，R^v, R^m の関係は，誘導的プログラムの方では農家の監視を厳重にする必要がないことから政策当局の負担も少ないと仮定する．したがって，義務的，誘導的プログラムの行政上の費用の関係は $R^v < R^m$ が成り立つものとする．

3. 2つの環境保全プログラムの比較

3.1 誘導的プログラムが相対的に効率になるための条件

本節において，義務的，誘導的プログラムの相対的な効率性が判断される条件が検討される．政策当局はどのプログラムにおいても社会的費用を最小にするような意思決定をとると仮定されているので，義務的プログラム，誘導的プログラムにおいて政策当局から捉えられた社会的総費用を表す(4), (13)式の差をとることにより，2つのプログラムにおいて効率性の比較が可能になる．

(4), (13)式の差をとると，

$$L^m - L^v$$

$$= \sum_{}^{n^m - n^v} L_i^m + \sum_{}^{n^v}(wg^* + a_i s^*) - (1+\lambda)\left(\sum_{}^{n^v} a_i s^* + p(g^*)(n^v)^\gamma\right) + \Delta R,$$

$$= \sum_{}^{n^m - n^v} L_i^m + n^v wg^* + \sum_{}^{n^v} a_i s^* - \sum_{}^{n^v} a_i s^* - \lambda \sum_{}^{n^v} a_i s^*$$

$$- p(g^*)(n^v)^\gamma - \lambda p(g^*)(n^v)^\gamma + \Delta R,$$

$$= \sum_{}^{n^m - n^v} L_i^m + (n^v wg^* - p(g^*)(n^v)^\gamma) - \lambda(A^v s^* + p(g^*)(n^v)^\gamma)$$

$$+ \Delta R, \quad \Delta R = R^m - R^v, \tag{14}$$

となり，さらに，(14)式に，最適解が与えられる時の制約条件である $s^* = (L_\delta^m - wg^*)/a_\delta$ を代入して，(9)式が利用されれば，

$$L^m - L^v = \sum^{n^m-n^v} L_i^m + (1+\lambda)\{p'(g^*)g^* - p(g^*)\}(n^v)^\gamma - \lambda \frac{L_\delta^m}{a_\delta}A^v + \Delta R, \quad (15)$$

となる．誘導的なプログラムが義務的なプログラムより効率的であるための条件は，誘導的プログラムの社会的総費用の方が義務的なプログラムの社会的総費用より小さいことと考えることにする．すなわち $L^m - L^v > 0$ が満たされることが，誘導的なプログラムが義務的なプログラムより効率的であるための条件になる．$L^m - L^v > 0$ と(14)式より，

$$\sum^{n^m-n^v} L_i^m + (n^v wg^* - p(g^*)(n^v)^\gamma) - \lambda(A^v s^* + p(g^*)(n^v)^\gamma) + \Delta R > 0, \quad (16)$$

となる．(16)式の第1項は，義務的プログラムに参加した農家と誘導的プログラムに参加した農家の損失の差を表す．第2項は政策当局が供給するサービスの私的費用と公的費用の差を表す．第3項は政策当局の総支出に租税上の歪みの程度を示す λ を掛けたもので，課税により生じた死荷重を表したものである．第4項は2つのプログラムにおける行政上の費用の差を表す．(16)式を以下のように変形することにより，誘導的プログラムが相対的に効率的になる条件が与えられることになる．

$$\lambda(A^v s^* + p(g^*)(n^v)^\gamma) < \sum^{n^m-n^v} L_i^m + (n^v wg^* - p(g^*)(n^v)^\gamma) + \Delta R. \quad (17)$$

(17)式の左辺は，誘導的プログラムにおいて課税したことにより生じた死荷重を表す．この左辺が右辺より小さいなら誘導的プログラムの方が相対的に効率的になるとみなすことが出来る．右辺は，義務的プログラムに参加した農家が被る総損失と誘導的プログラムに参加した農家が被る総損失の差（右辺の第1項），政策当局が供給するサービスの私的費用と公的費用の差，すなわち政策当局が供給するサービスを農家個人で負担する時の費用と政策当局が負担する時の費用の差（右辺の第2項），2つのプログラムにおける行政上の費用の

差を足したものである．(17)式の不等式が成り立つための要件として，右辺の第1項に注目しなければならない．$n^m-n^v>0$ の時，第1項は $\sum^{n^m-n^v} L_i^m>0$ となり(17)式の不等式が成り立つであろう．この場合義務的プログラム下での方が誘導的プログラム下よりも保全プログラムを採用している農家が多いので農家が被る損失は義務的プログラムの場合の方が大きい．したがって，義務的プログラム下で保全プログラムを採用している農家戸数が誘導的プログラム下より多いのであれば，(17)式の不等式は成り立つ．次に誘導的プログラム下で保全プログラムを採用する農家の戸数が義務的プログラムよりも多い場合でも(17)式が成り立つ場合，すなわち，$n^m-n^v<0$ の時，誘導的プログラムが義務的プログラムより効率的になる場合を検討しよう．$n^m-n^v<0$ の時だと，右辺の第1項は $\sum^{n^m-n^v} L_i^m<0$ となる．$\sum^{n^m-n^v} L_i^m$ が負であっても，(17)式の不等式を満たすほど第2項と第3項の和が大きいならば，誘導的プログラムが義務的プログラムより効率的であるとみなせる．この点が次の命題1でまとめられる．

命題1 誘導的プログラム下で環境保全型農業を行う農家の戸数が義務的プログラム下で環境保全型農業を行う農家の戸数より多い時，次の条件が満たされるなら，誘導的プログラムが相対的に効率的であると考えられる．各プログラム下で生じる農家負担総和の差の絶対値が，政策当局が供給するサービスを農家個人が負担する時の費用と政策当局が負担する時の費用の差と2つのプログラムにおける行政上の費用の差の和の絶対値より小さい時に(17)式が満たされる場合である．

(15)式も $L^m-L^v>0$ を満たすなら，

$$\lambda \frac{L_\delta^m}{a_\delta} A^v < \sum^{n^m-n^v} L_i^m + (1+\lambda)\{p'(g^*)g^* - p(g^*)\}(n^v)^\gamma + \Delta R, \qquad (18)$$

となる．(18)式の左辺は誘導的プログラムを政策当局が採用した場合に生じる死荷重であるが，この死荷重は誘導的プログラムを採用しなければ生じないものなので，義務的プログラムのもとで生じるであろう便益とみなされる．右辺

の第2項は政策当局が供給するサービスが生み出す純便益を表す．第3項は(17)式と同様に2つのプログラムにおける行政上の費用の差である．(18)式の左辺にある L_δ^m/a_δ は保全プログラムを採用した農家の中で単位面積当たりで最も大きな損失を表す．仮に政策当局が保全プログラムを採用した農家を支援するためのサービスを提供しない時，すべての農家を保全プログラムに参加させるためには補助金 s^* は L_δ^m/a_δ と同じ水準に設定されるであろう．L_δ^m/a_δ 分の補助金を支給することにより生じる死荷重は $\lambda \dfrac{L_\delta^m}{a_\delta} A^v$ になり，この死荷重は義務的プログラムだと避けられる損失と考えられる．政策当局がサービスを提供するなら，補助金を支給することにより生じる死荷重は減少し，さらに農家が環境保全型農業を実施するための費用負担が軽減される．サービス供給により生じる死荷重の減少分は，$\lambda A^v \{L_\delta^m/a_\delta - s^*\} = \lambda A^v w g^*/a_\delta$ で表され，農家の費用負担の軽減分は，$n^v w g^*$ で表される．これら2つは，政策当局がサービスを提供することにより生じた便益の総和であり，(9)式より，$\lambda A^v w g^*/a_\delta + n^v w g^*$ は $(1+\lambda) p'(g^*)(n^v)^\gamma g^*$ に等しくなる．一方，政策当局のサービスが供給されるための社会的費用は $(1+\lambda) p(g^*)(n^v)^\gamma$ と等しい．これより，政策当局が供給するサービスが生み出す純便益は $(1+\lambda) p'(g^*)(n^v)^\gamma g^* - (1+\lambda) p(g^*)(n^v)^\gamma$ で表すことができ ((18)式右辺の第2項)，政策当局が供給するサービスによって生じた社会的余剰と理解することも可能である．

(17),(18)式の特殊なケースとして，$\lambda=0$ を検討しよう．(18)式に $\lambda=0$ を代入すれば，(18)式は $0 < \sum\limits_{n^m - n^v} L_i^m + \{p'(g^*)g^* - p(g^*)\}(n^v)^\gamma + \Delta R$ になる．$p(g)$ の凸性から $\{p'(g^*)g^* - p(g^*)\} > 0$，また $R^m > R^v$ と仮定したことから，$\Delta R = R^m - R^v > 0$ になる．右辺の第1項は $n^m - n^v$ の符号で(18)式の不等号が逆転することが考えられるが，この第1項を打ち消すほど右辺の第2項，第3項が大きいなら右辺の符号が変化する可能性は無い．これより $\lambda=0$ の時，次の系1が述べられることになる．

系1 $\lambda=0$ であるなら，政策当局の支出により生じた死荷重は存在しないことになるので，義務的プログラムを実施することにより生じた便益はな

くなる．したがって，誘導的プログラムの方が相対的に効率的になる可能性がある．

3.2 誘導的プログラムにおける耕地面積の変化

3.1では誘導的プログラムが義務的プログラムより相対的に効率的になる条件が示された．本節では誘導的にプログラムにおいて耕地面積のみを変化させた場合でも誘導的プログラムが義務的プログラムより相対的に効率的になることを確認する．

まず(18)式の両辺を A^v で微分し，(11)式の $\partial g^*/\partial A^v$ を利用すれば，左辺，右辺はそれぞれ，

$$左辺 = \lambda \frac{L_\delta^m}{a_\delta},$$

$$右辺 = (1+\lambda) p''(g^*) \frac{\partial g^*}{\partial A^v} g^*(n^v)^\gamma + \frac{\partial \Delta R}{\partial A^v},$$

$$= -\lambda \frac{wg^*}{a_\delta} + \frac{\partial \Delta R}{\partial A^v}.$$

左辺＜右辺，すなわち，

$$\lambda \frac{L_\delta^m}{a_\delta} < -\lambda \frac{wg^*}{a_\delta} + \frac{\partial \Delta R}{\partial A^v},$$

$$\lambda s^* < \frac{\partial \Delta R}{\partial A^v}, \qquad (wg^* = \lambda L_\delta^m - a_\delta s^* を利用), \tag{19}$$

の時，耕地面積を増加する際の2つのプログラムの行政費用の差の変化が補助金の死荷重より大きいなら，誘導的プログラムの方が効率的になる可能性がある．不等号が逆になれば，義務的プログラムの方が効率的になる．また，耕地面積の増加による2つのプログラム間における社会的総費用の差 ($L^m - L^v$) の変化は(15)式を A^v で微分することにより求まり，次の式で示される．

$$\frac{\partial (L^m - L^v)}{\partial A^v} = (1+\lambda) p''(g^*) \frac{\partial g^*}{\partial A^v} g^*(n^v)^\gamma - \lambda \frac{L_\delta^m}{a_\delta} + \frac{\partial \Delta R}{\partial A^v},$$

$$= -\lambda s^* + \frac{\partial \Delta R}{\partial A^v}. \qquad (20)$$

(19), (20)式から，

$$\frac{\partial \Delta R}{\partial A^v} \gtreqless \lambda s^* \Rightarrow \frac{\partial (L^m - L^v)}{\partial A^v} \gtreqless 0, \qquad (21)$$

となる．耕地面積の増加による2つのプログラム行政費用の差の変化が補助金の死荷重より大きい時，耕地面積の増加による2つのプログラム間における社会的総費用の差（$L^m - L^v$）は増加する．不等式が逆の時には，社会的総費用の差（$L^m - L^v$）は減少することになり，$L^m - L^v < 0$ となり得る場合がある．この時には，保全プログラム対象の耕地がある一定の耕地面積以上に拡大されるなら，逆に義務的プログラムの方が効率的になる可能性がある．

以上から，保全プログラムにおける耕地面積のみを変化させた場合の内容が次の命題2でまとめられる．

命題2 他の変数を所与として，保全プログラムにおける耕地面積を変化させた時，

$\frac{\partial \Delta R}{\partial A^v} > \lambda s^*$ ならば，誘導的プログラムの方が義務的プログラムより効率的になる．

命題2は，誘導的プログラムで農家1戸に対する補助金支給によって生じる死荷重が耕地面積の増加による行政上の費用の節約分と比べて大きい時，耕地面積を増やしても必ずしも誘導的プログラムが義務的プログラムよりも効率的にならないことを示唆する．補助金の死荷重と耕地面積が変化したことによる2つのプログラムの行政費用の差の変化が比較されて，誘導的プログラムの効率性が成立する．

4．2つのプログラムを活用したゾーニング政策

　当該地域において環境保全を考慮した農業が確立されるためには，ある一定数の農家が環境保全型農業に取組まなければ，環境に対してプラスの効果は期待できないであろう．例えば，当該地域おいて環境に配慮した農業をしている農家が1戸存在したとしても，近辺の農家が環境保全型農業に取組まなければ，環境改善は望めない．したがって，政策当局は1つの地域をいくつかに区分しながら環境保全政策を講じる必要がある．また，政策当局は当該地域において早急に環境改善の必要がある地区の農家や自然保護，水質保全のために重要な地区で農地を所有している農家に対して補助金・技術支援を施して環境保全型農業を行わせる必要がある．一方，残りの地区に対しては政策当局の支援がない規制（義務的プログラム）が実施される可能性があるであろう．このように1つの地域において政策当局が誘導的プログラムを実施する地区と義務的プログラムを実施する地区とに区分けすることで地域の環境保全が推進されるなら，2つのプログラムを利用したゾーニング政策は有力な政策手段の1つになる．本節において，ゾーニング政策として義務的，誘導的プログラムの両方が1つの地域において実施される時に注意されるべき点は次のようになる．前節までは，補助金・技術支援がある誘導的プログラムが義務的プログラムより効率的になる条件が検討された．そのような条件が検討された根拠は，誘導的プログラムが農家に対して環境保全に対する意識を高めるのに効果があり，また環境保全型農業の推進に大きな貢献をするという期待からであった．しかし，本節では誘導的プログラムは自然保護や水質保全の観点から重要な地区の農地に対して実施され，義務的プログラムはこのような農地に比べれば重要度の低い農地に対し実施されるものとする．

　本節では当該地域で活用される2つの政策手段が効率的にに実施されるための条件が検討される．すなわち，政策当局は各プログラムに対する農家の戸数をどのような比率で割り当てれば，2つのプログラムを実施したときの総費用

が最小になるのかが検討される.

　最初に政策当局が当該地域においてどのように各プログラムを割り当てるかを説明する.[9] 政策当局は当該地域における各地区の環境汚染や農地の荒廃の状況を把握しているとする. 当該地域における自然的, 社会的空間に関する情報をもとに, 補助金・技術援助を用い早急に環境改善の必要がある地区や自然保護・水質保全のために重要な地区（誘導的プログラム実施対象地区）が選定される. 政策当局がこのような地区を選定することは, その地区で農業を営んでいる農家を選定することと同一であるとみなせるなら, 政策当局による誘導的なプログラムを採用しなければならない農家が n^v 戸選定されたことになる. そして残りの農家 $n^m(=n-n^v)$ は義務的プログラム実施対象地区の農家になる. このように政策当局により2つのプログラムに割り振られた農家は 2.1, 2.2 で定式化された行動をとるものとみなす. しかし, 2.1, 2.3 において各プログラム下で環境保全プログラムに必ずしもすべての農家は参加しないと仮定されていたが, 本節では2つのプログラムに割り振られた各農家はそれぞれのプログラムにすべて参加していると考える. また, 1つの地域で2つのプログラムが実施されるため, 誘導的プログラムにおいて政策当局が提供する公共財的な性質を備えているサービスを義務的プログラム対象の農家も一部享受できると考える. よって, 本節において, 義務的プログラムにおける総費用 (4)′式は 2.1 の (4) 式を用いて以下のように修正される.

$$L^m \equiv \sum_{}^{n^m} (L_i^m - \alpha wg) + R^m. \tag{4}'$$

　α は, 誘導的プログラムにおいて政策当局が提供するサービスをどの程度享受しているかを示すパラメータで, $0 \leq \alpha < 1$ の値をとる. 誘導的プログラムにおける総費用は (13) 式がそのまま適用される.

　ここまでが2つのプログラムを用いたゾーニング政策の前提条件の説明であった. 次に, 誘導的, 義務的プログラムの総費用の和が最小になるような n^v または n^m について検討する. 図1, 2を用いて説明しよう. 図1, 2の横軸には農家の戸数がとられ, 横軸の幅は全農家の戸数は n 戸存在するから n の幅

図1　2つのプログラムの限界費用のグラフ（$n^v = n_1^v$ のとき）

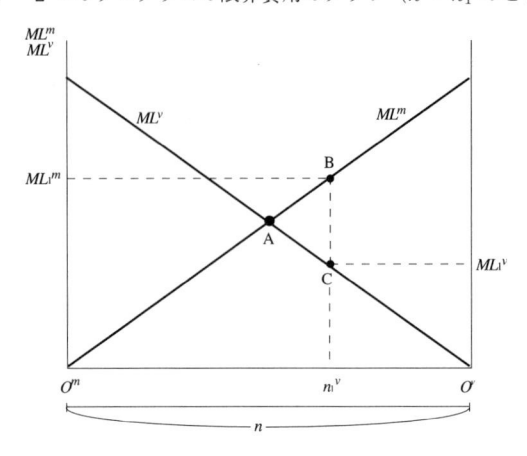

図2　2つのプログラムの限界費用のグラフ（$n^v = n_2^v$ のとき）

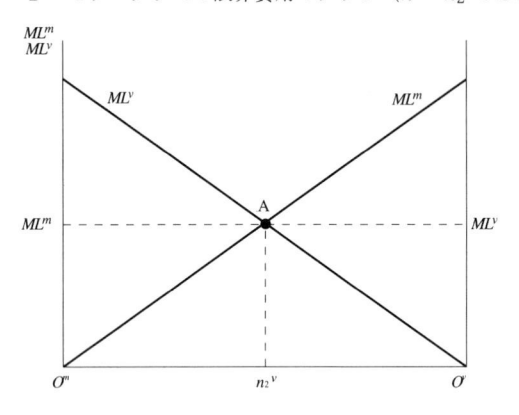

を持つことになる．縦軸には2つのプログラムの総費用 L^m, L^v の限界費用 ML^m, ML^v がとられる．各プログラムにおいて農家の戸数を限界的に増やした時に総費用の限界的な変化が正であると仮定すると，限界費用は増加関数として表せる．義務的プログラムの原点 O^m は横軸の左端で，誘導的プログラムの原点 O^v は横軸の右端と考えると，義務的プログラムの限界費用 ML^m は右

上がりの直線で，誘導的プログラムの限界費用 ML^v は右下がりの直線で示される．誘導的，義務的プログラムの総費用の和が最小になる農家の割り当ての水準は $ML^m=ML^v$ を満たせば達成できることが確かめられる．図1では誘導的プログラム対象農家の戸数が n_1^v の時，義務的プログラム対象農家の戸数は $n-n_1^v$ となり，それぞれの限界費用は ML_1^v, ML_1^m となる．各プログラムの総費用の和は三角形 $O^m B n_1^v$（義務的プログラム），$O^v C n_1^v$（誘導的プログラム）の和となる．図2では誘導的プログラム対象農家の戸数が n_2^v の時，$ML^m=ML^v$ となり，この時の各プログラムの総費用の和は，三角形 $O^m A O^v$ になる．図1と図2の総費用の和である三角形の総面積を比べると図1の方が三角形 ABC だけ大きい．その分だけ $n^v=n_1^v$ における2つのプログラムの総費用の和が大きいことになる．したがって，2つのプログラムの総費用の和が最小になるためには農家の割り当ての水準が $ML^m=ML^v$ を満たされるように選択されなければならない．以上の考察が以下の命題でまとめられる．

命題3 当該地域において誘導的，義務的プログラムの2つが同時に実施される時，2つのプログラムの総費用の和が最小になるための条件は，2つのプログラムの限界費用が等しくなるように農家を各プログラムに割り振ることである．

5．日本における環境保全型農業の取組み

　農業は本来，大気，土壌，水，生物などを含んだ生態系の中で，生態系を巧みに利用して農作物を生産する産業である．しかし，これまでの集約的農業がエネルギー，農薬，化学肥料等の生産資材を多用し，収穫量の増加を実現させた反面，環境保全，農作物の安全性への配慮には欠けていたことは現在では明らかであろう．[10] そのため，これまでの農法が環境保全と生産力の両立を目指す方向に見直され，環境負荷を軽減する持続的な農業の確立が求められる．本節では，日本における環境保全型農業の取組みに対する国，自治体の施策と環

境保全型農業を行う上での問題点が整理される．

　まず国の対応としては農林水産省が1992年に「新しい食料・農業・農村政策の方向」を制定し，環境保全型農業を新たな農業政策の1つの重要な柱として位置づけた．[11] そしてこの年から全国農業協同組合中央会（JA全中），全国農業協同組合連合会（JA全農）は農林水産省の補助を受け，環境保全型農業推進指導事業を実施し，環境保全型農業の啓蒙運動，高品質で安全な農産物の安定供給，農業が持つ環境保全機能の向上に努めている．1993年度には環境保全型農業の実践事例調査が行われ，環境保全型農業の取組みの内容が取りまとめられた．[12] その後，1994年に農林水産省の委託を受け全国農業協同組合中央会に「全国環境保全型農業推進会議」の設置，1997年に環境保全型推進憲章が制定されたことにより，環境保全型農業が全国に浸透するための施策が講じられる．法制度の整備に関しては，農業における環境保全を実現させるための要件として，「食料・農業・農村基本法」（1999年制定）の中で第3条の多面的機能の発揮，第4条の農業の持続的な発展，第32条の自然循環機能の維持増進が明記された．また，同年に「持続性の高い農業生産方式の導入の促進に関する法律」が制定された．

　しかし，自治体レベルにおいては，国よりも早い時期から環境保全型農業推進のための条例が制定されている．例えば，宮崎県東諸県郡綾町の1989年に制定された全国初の「自然生態系農業の推進に関する条例」，鹿児島県大島郡和泊町の「和泊町地域環境保全型農業の推進に関する条例」（1994年制定），熊本県上益城郡清和村の「清和村有機農業振興に関する条例」（1997年制定）がある．[13] このように自治体の対応が国より早いのは，農業生産活動が地理的，地域的な特性に即して行われることにより地域レベルでの環境保全型農業が実践される必要があるからだと考えられる．また各地の農協が産地形成，産地直送を通じて地域農業振興に積極的に取組んだり，産地のさらなる持続的発展や安全な農産物生産をめざしていることから，環境保全型農業をそのための手段として活用したことが地方の対応を早めたと考えられる．このように環境保全型農業が積極的に地域農業振興に活用されることにより地域農業が活性化するの

表1　環境保全型農業の取組み内容

総合的取組み	特別栽培米や減農薬・有機農産物生産，多品目化，土づくり，農法見直しなど．
土づくり	施肥基準策定，土壌診断，有機物施用など．
減農薬総合防除	抵抗性品種の導入，複数品種の組み合わせ，栽培基準の導入など．
合理的輪作	耐病性品種の導入，土づくり施肥改善，拮抗作物の導入など．
リサイクル	家畜ふん尿，籾殻，廃オガクズなどのたい肥化，し尿液肥化など地域有機資源の有効活用．
農地・水質保全	農地，作業の受委託，側条施肥，浅水代かきなど．

（出所）http://www.zennoh.or.jp/ZENNOH/TOPICS/publish/ja-rep/22/7.htm

なら，行政側は実践地域，農家に対して事情に即した施策を充実させる必要がある．

次に，全国農業組合（JA）が紹介している環境保全型農業における具体的な取組みの一例が表1で示される．

その中でも，「土地改良，有機物施用等の土づくり」が71.8％で，最も多く取組まれている．「合理的な輪作」(40.6％),「減農薬農業・減化学肥料農業」(38.4％)と続く．[14] 一方で，農林水産省統計情報部『農業生産環境調査報告書（解説）』の農家調査において農家が環境保全型農業を行う上での問題点についてみると，「収量が不安定である」が54.0％と最も高く，次いで「労力がかかる（労力がきつい）」(49.1％),「農業収入の低下（単収が低い）」(48.1％),「販売価格が思ったほど高くない」(34.9％)の順になっている．また，農林水産省統計情報部『農業生産環境調査報告書（解説）』の市町村調査において，環境保全型農業推進方針を策定していない市区町村が環境保全型農業に取組まない理由は以下のようになる．「環境保全型農業に対する生産者の意識が低いため」(63.0％),「生産技術が未確立」(46.1％),「消費者・流通業者等からの要望が少ないため」(33.0％),「流通体制が未確立のため」(32.9％)等である．環境保全型農業が今後もさらに普及していくためには，農家が環境保全型農業を行っても十分に農業を営めるような環境を整備することが求められ

る．具体的な施策としては，環境保全型農業技術の開発，生産資材のリサイクルに向けた回収システムの整備・支援，たい肥化施設の整備に関する補助・融資の強化等が挙げられる．また環境保全型農業により生産された有機農産物等の流通・消費が促進されることは農業収入が確保される要件の1つであるので，環境保全型農業により生産された農産物の流通，消費市場が整備されなければならないであろう．

6．おわりに

本章において環境に配慮した農業を確立するために主に考察された点は次の2点である．1つは補助金や技術支援を用いて農家に環境保全型農業を行わせるように誘導する政策と農家に環境保全型農業を義務的に行わせる政策の効率性が比較された．本章では各政策に参加する農家の戸数が同一でない状態で2つの政策の効率性が比較され，どれだけの農家が誘導的な政策に参加すれば，誘導的な政策が義務的な政策より相対的に効率的になるのかの条件が明らかにされた．すなわち，2つのプログラム下で生じる農家負担総和の差の絶対値が，政策当局が供給するサービスの私的費用と公的費用の差と2つのプログラムにおける行政上の費用の差を足した場合の絶対値より小さい時に誘導的な政策が義務的な政策より相対的に効率的になることが明らかにされた．この点に関してさらに検討されるべき点としては以下のような点である．各政策に対して参加する農家の戸数が同一でない状況のもとで，誘導的な政策が優位になる条件が明らかにされたが，この状況では各政策において政策に参加していない農家は環境保全型農業を実践していない農家になり，このような農家に対しいかなる手段を用いて環境保全型農業に取組んでもらうかが課題になる．

考察されたもう1つの点は，一地域内で誘導的な政策，義務的な政策の2つが行われる時にその2つの政策によって生じる総費用が最小になる条件が検討された．2つの政策による総費用が最小になる条件は，2つの政策の各限界費用が等しくなるように農家を各政策の対象に割り振ることである．しかし，本

章では農家が2つの政策を選択する行動が十分に検討されていないため，この点を補う必要がある．

　本章では農業部門における環境保全の政策について検討してきたため，農業部門の環境政策が議論の中心となった．しかし，現在の日本の農業問題は，農業就業者，農業所得の減少，高齢化，農村の過疎化など取組むべき課題がたくさんあり，環境問題のみに取組むだけでは農業部門の発展は望めないであろう．また，農業部門における克服されるべき様々な課題がどのようなものであるかに十分考慮していなければ，効果のある環境保全型農業は実現されないと思われる．現在の農業部門の産業構造を変える必要があることは明かだが，今後の農業部門が発展するための1つの視点として，「環境」は重要な要素になると思われる．各地方では，環境保全型農業を地域農業振興として活用しており，いくつかの地域ではその成果が報告されていることから（例えば，農林水産省監修 (1994)，全国農業協同組合連合会，全国農業協同組合中央会編 (2000) を参照），環境保全型農業が地域農業の活性化につながる可能性を秘めているといえる．したがって，環境保全型農業が十分に機能するための環境整備が今後一層求められるであろう．例えば，食品加工工場，スーパー，外食店からの廃棄物を肥料として農家に供給するための市場の整備，有機農産物・無農薬農産物の流通，消費市場の整備が必要性である．このような環境整備が，農業部門の産業構造を変革していき，これからの日本の農業が発展するために必要な要件になると思われる．

付　記

　2001年1月に行われた中央大学大学院経済学研究科の博士後期課程研究報告会において，谷口洋志先生（中央大学），藪田雅弘先生（中央大学）より有益なコメントを賜った．ここに感謝の意を表したい．また，本章執筆の機会を与えて頂き，本章の構想段階から細微にわたりご教示を賜った田中廣滋先生（中央大学大学院経済学研究科委員長）には格別の敬意と感謝の念を表したい．

注

1) 例えば，Carson (1962) は農薬による環境汚染を詳細に調査し，中村 (1995)

はこれまでの集約農業がいかに資源・エネルギーの浪費のもとで行われているかを明らかにした．
2) 桜井編（1996）では，環境への負荷を軽減する農業の実現に向けての技術，経営，政策に関する分析が試みられている．
3) 本章において環境保全型農業とは「農薬，化学肥料の投入を削減して，農業が本来持っている物質的環境機能を活用しつつ，農業生産活動に伴う環境への負荷を軽減し，農業が持つ多様な公益的機能を増進させる農業」と定義されるものとする．農林水産省統計情報部（2000），桜井編を参照．
4) Wu と Babcock は農業分野において2つのプログラムの比較を行ったが，Wu と Babcock のモデルの枠組みのオリジナルを提供した Stranlund（1995）は家計のゴミのリサイクルにおける義務的プログラムと誘導的プログラムを比較した．
5) 環境に配慮しない農法が連作障害，地力低下をもたらすことにより，生産性が低下して収益が減少する可能性が考えられるが，本章ではではこのような状況が生じないものとして分析が進められる．
6) Wu と Babcock では，全ての農家が義務的プログラムに参加するものと仮定されている．すなわち n 戸の農家が参加する状況のもとで分析がされている．
7) 政策当局と農家の間で農家の損失 L_i^m に関する情報が非対称であるなら，非対称性の程度により L_o^m が変化することから，プログラムに参加した農家に対する補償水準も変化する．そのため誘導的プログラムに参加する農家の戸数も変化する可能性がある．
8) Wu と Babcock では，全ての農家が誘導的プログラムに参加していると仮定されている．
9) 今回の分析では，農家が誘導，義務の2つのプログラムのどちらかを選択する行動の定式化が十分に検討されていないため，検討しなければならない．政策当局の再分配政策が民間部門の公共財負担の調整により完全に相殺されるという中立命題が農家に対して成り立つなら，農家にとって誘導，義務の両方のプログラムでの損失が同じであるとみなされるかもしれない．
10) しかしながら，農薬取締法（1948年制定），農用地の土壌の汚染防止に関する法律（1970年制定）では，農作物の安全性に対し一応規制が設けられている．
11) ちなみに『農業白書』において環境問題に関する項目が初めて登場したのは1991年度版で，「農業生産の動向と農産物需要」の章に「農業と環境問題」の項目が設けられている．農林水産省が環境問題に配慮することになった経過に関して，原（1994）を参照．
12) 農林水産省監修（1994）を参照．
13) 1998年度に調査された農林水産省統計情報部（2000）による『農業生産環境調査報告書（解説）』では，環境と調和した農業を推進するための条例を定めている市区町村数割合は約3％（約1000市区町村中）であるが，約45％（約

1000市区町村中)の自治体が農協等と連携して推進体制を整備し,環境保全の活動を行っている.

14) 農林水産省監修,23頁を参照.

参考文献

Carson, Rachel (1962), *Silent Spring*, Houghton Mifflin Company (青樹梁一訳『沈黙の春』新潮社,1974年).

Carraro, C. and Lévêque, F. Eds. (1999), *Voluntary Approaches in Environmental Policy*, Kluuwer Academic Publishers.

原 剛 (1994),『日本の農業』(岩波新書),岩波書店.

中村 修 (1995),『なぜ経済学は自然を無限ととらえたか』,日本経済評論社.

農林水産省監修・全国農業協同組合中央会・全国農業協同組合連合会編 (1994),『最新事例 環境保全型農業』,家の光協会.

農林水産省統計情報部 (2000),『農業生産環境調査報告書 (解説)』,http://www.maff.go.jp/toukei/sokuhou/data/12-15 tiiki/index.html

OECD (1999), *Voluntary Approaches for Environmental Policy: An Assessment*, OECD.

桜井偵治編 (1996),『環境保全型農業論』,農林統計協会.

Stranlund, J. K. (1995), "Public Mechanisms to Support Compliance to an Environmental Norm", *Journal of Environmental Economics and Management*, 28, pp.205-222.

Wu, J and Babcock. B. A. (1999), "The Relative Efficiency of Voluntary vs Mandatory Environmental Regulations", *Journal of Environmental Economics and Management*, 38, pp.158-175.

全国農業協同組合連合会,全国農業協同組合中央会編 (2000),『環境保全型農業と自治体』,家の光協会.

第 5 章

ロード・プライシングと環境負荷

1. はじめに

　運輸・交通部門の環境に与える影響は，近年，多岐に渡っており，年々深刻化しつつある．例えば，航空産業では騒音や空港建設における環境負荷，エネルギー効率に起因する二酸化炭素（CO_2）排出の問題等が取り上げられている．海運業においては，港湾整備による環境破壊を除けば通常ではそれほど問題が感じられないかも知れないが，事故が生じた場合の重油等による海洋汚染は浄化に多大なる費用を要するものであるし，燃料消費における CO_2 の排出削減も世界的なレベルで検討が求められているほどの大きな問題である．陸上交通では，特に都市部において道路交通状況の悪化によるさまざまな問題が表面化してきている．これまで自動車交通に関する環境問題としては，道路混雑，騒音，排気ガスといった生活環境に係るものが中心的な課題とされてきた．しかしながら，近年，地球温暖化の観点からも自動車交通の抑制等を考慮する必要が問われるようになり，問題の多様化が顕著になっている．
　自動車交通に係る環境対策としては，これまでのところ騒音・排気ガス等に対する規制や高規格道路等における防音壁の設置などが行われてきた．また，道路混雑対策としての道路拡張や迂回路の建設なども行われてきている．しか

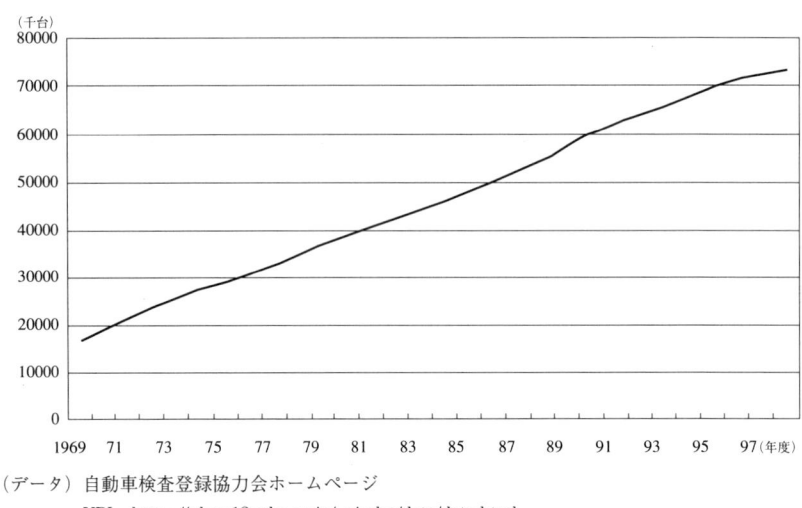

図1 自動車保有台数の推移

(データ) 自動車検査登録協力会ホームページ
URL : http://plaza13.mbn.or.jp/~airahp/data/data.html

しながら，図1で示すとおり，道路を利用しうる自動車の台数そのものもこの30年ほどで4倍以上に増加しており，施策の成果については評価が困難である．このような状況は日本に限ったことではない．例えばECMT (1995) では，OECD加盟国の都市に対するアンケート調査（19カ国132都市より回答）の結果がまとめられているが，道路混雑に関しては68％の都市が悪化傾向にあると回答しており，混雑とCO_2の排出の問題はさらなる対策を講じない限り深刻化すると警告している．[1]

したがって，今日の都市交通の状況を考えると，もはや規制や施設の拡張といった従来の交通対策だけでは不十分であり，一般の自動車以外の公共交通（バスを含む）との連携をも考慮したTDM（Transportation Demand Management，交通需要マネジメント）の推進が必要となっている．TDMとは，従来の交通政策が道路施設等の供給面を重視したものであるのに対し，交通の需要面に着目し，道路交通需要の抑制等により社会的に望ましい交通状況を創り出そうという試みである．TDM施策の具体例としては，表1に掲げるものが代表的である．そのほかにも路面電車・新交通システムの整備や時差出勤・フ

レックスタイムの推進,共同集配等の物流対策などが挙げられる.TDM 施策は今日の道路交通事情を鑑みる限り,早急に実施すべきであるというのが,一般的な考えとなっている.とりわけ,混雑する道路の利用に料金を賦課する

表1 TDM 施策の例

相乗り(カープール,バンプール)の推進	アメリカでは,交通マネジメント協会や地域の相乗り専門の組織を中心に,相乗りのグループ形成,運営支援等が行われており,サンフランシスコ湾岸地域の場合,通勤者等に対する照会サービス,情報提供等が行われている.
HOV レーンの整備	ワシントン D.C.(アメリカ)では,相乗り等多乗員車(HOV)レーンネットワークの構築が計画されており,この中には HOV レーンへのアクセスの改善などのレーン改善計画も含まれている.我が国では新潟市,長岡市で整備されている.
自転車,徒歩の奨励	自転車道・歩道の整備,自転車愛好クラブの結成,企業における駐輪場・シャワー室等の整備により自動車から自転車・徒歩への移行を奨励する.オランダでは企業に対する税控除制度とあいまって自転車通勤が浸透している.我が国では高知市で駐輪場が整備されている.
パーク・アンド・ライド	都市の外縁部において,1人乗り車から鉄道,バス等の大量公共輸送機関へ乗り換える手法.ワシントン D.C.(アメリカ)にはそのための駐車場が約36,000台分整備されている.我が国では札幌市,仙台市,金沢市,名古屋市,神戸市などで実施している.
路上駐車の適正化	ロンドン(イギリス)では,総延長500kmからなる路上駐車規制ルート(レッドルート)の指定を推進しており,1998年3月時点で約380kmが指定されている.指定後,レッドルート全体で平均旅行速度の上昇や違法駐車の減少の効果が見られた.
貨物車の走行規制	パリ(フランス)では,市内を通行・通過する貨物車に対し,その地表に占める面積に応じ通行禁止時間帯を設定している.
ロード・プライシング	渋滞地域や渋滞時間帯の道路利用に対して課金することにより大量公共輸送機関の利用促進や時間の平準化を図る手法であり,シンガポールでは1975年から実施している.

(出所)建設省編『建設白書2000』ぎょうせい,2000年,68頁,図表2-1-9.

ロード・プライシングは，長年に渡り経済学的な立場から道路交通需要の削減に有効であると主張されてきた施策である．[2]

わが国の場合，「道路は無料であるべき」との考えも根強く，TDM の中でもロード・プライシングの実施には，道路利用者側の合意の形成等に特に時間がかかりそうである．しかしながら，ロード・プライシングは「道路混雑の水準を引き下げる唯一の現実的な戦略である」[3]とさえ主張される施策であり，今後，道路混雑対策や大気汚染，CO_2 の削減を考えていく際に必ず導入を検討すべき考え方であろう．したがって，本章では，ロード・プライシングについての今日までの主要な議論と，その政策的な適用についての整理を行う．次節では，理論的な議論に先駆け，道路利用に対する料金徴収について，若干の説明を加える．3 節では，ロード・プライシングに関する議論の整理を行い，4 節で現実の実施例等を紹介する．最後に，わが国においてロード・プライシングを実施する上での問題点を検討していく．

2．道路の有料化

通常，道路に関しては建設及び管理運営が公的主体によって行われるケースが多く，その利用において通行料を賦課しないというのが一般的である．わが国でも，これまでのところ道路は原則として無料で公開されており，高速自動車国道等で通行料を徴収しているのはあくまで特例措置によるものである．[4]しかしながら，道路整備の歴史を振り返ると，有料制がきわめて稀なケースでもないことがわかる．

アメリカにおいては18世紀以降，有料制を認めた上での民間企業によるターンパイクの整備が進められた経緯がある．植民地時代のアメリカでは道路整備が十分に行われておらず，道路建設は地域開発における重要課題であった．しかしながら，独立直後のアメリカでは，国家財政が厳しく大規模な道路整備が困難な状況にあった．そのような状況下において民間資本の活用は重要な課題であり，数多くの民間の有料道路会社を中心に道路網の整備が進められたが，[5]

1830年代以降，蒸気機関車の導入による鉄道輸送の伸びに伴い，道路を利用する馬車交通は衰退の一途を辿り，有料道路会社の破綻が相次いだ．1916年の連邦補助道路法により，主要道路の整備については連邦からの補助のもとで州が責任を負うこととなり，連邦補助道路については原則無料の方針が打ち出されたが，モータリゼーションの進展に伴い，各州における道路整備も大規模に進み，また1930年代以降の道路混雑の悪化から都市間に有料の高規格自動車専用道路の建設が進められた．[6] しかし，1956年に成立した連邦補助道路法および道路歳入法により，州際道路の整備に連邦ガソリン税等の道路利用者税が充てられるようになり，連邦補助により整備が進められるようになり，採算性のある有料道路は減少し，有料制は下火となった．しかし，1980年代に入ると，道路の補修等に莫大な費用を要するようになり，1987年陸上交通援助法以降，有料道路制度が見直されてきている．[7]

また，フランスやイタリアなどは道路整備の歴史は古いが，日本と同様，高速道路網の整備に有料制を活用してきた代表的な国である．日本，フランス，イタリアの3国に共通して言えるのは，第2次世界大戦後，国の復興期の財政難の中，自動車交通の増加に伴う急速な道路整備の必要性があったことである．また，高速道路を無料で整備してきたイギリスやドイツにおいても，近年，有料制の導入が検討，実施されつつある．[8]

道路の有料化の理由はさまざまであるが，一般的には，国の財政が豊かな状況では道路は公的に無料で供給され，財政的に困難な場合に有料制が採られる傾向にある．だが，近年の議論の中には財政面よりもむしろ環境面への配慮から道路交通に対する有料化を支持する考えが見られるようになってきている．1970-80年代には，道路の通行料は道路施設の資金調達手段とだけ考えられていたため，一般的に受け入れられなかったが，近年では通行料は交通をコントロールし，かつ道路利用における環境コストを内部化する手段とみなされるようになってきた．また，実際に料金を負担することになる都市生活者の間でも，環境への関心の高まりから，道路利用における料金賦課に対する抵抗がなくなってきている．[9] 道路の有料化すなわち道路価格形成を考える際に，費

用調達目的の有料制と交通需要マネジメントを意図する有料制の2つの考え方があるが，今日のように環境危機が叫ばれる時代においては，後者の考え方に立脚する料金賦課は実行可能な施策となってきている．

3. ロード・プライシングに関する経済学的展開

　道路混雑は，今日において最も深刻な社会問題の1つである．わが国における交通渋滞による社会全体のコストは年間約12兆円にものぼると推定されている．[10]これはわが国のGDPの2.4％程度にあたる．しかし，道路混雑による損失が深刻なのはわが国に限ったことではない．ヨーロッパ諸国全体の道路混雑によるコストもGDPの0.75～2％程度と推定されている．[11] 道路交通における混雑現象はモータリゼーションが進展した1920年代頃から都市部を中心に大きな問題となってきたが，このような交通問題に対して，経済学の立場からも解決策が模索されてきた．

　道路等の交通施設に対する料金賦課の議論はDupuit(1849)の中ですでに行われているが，ロード・プライシングの考え方の理論的な礎はPigou(1920)，Knight(1924)など，1920年代前半の研究である．しかしながら，当時の道路に対する価格形成の問題は道路混雑の解決を目的としたものではなく，単に社会的費用の概念の説明のために用いられたものであった．今日のような形でロード・プライシングが理論的にも実証的にも研究されるようになったのは，Walters(1961)以降である．1960年代以降，世界中でロード・プライシングに関する理論的および実証的な面で数多くの研究が行われ，今日のロード・プライシング導入の動きを支持しうるたくさんの成果が報告されている．[12] 本節の目的は，Walters以降のロード・プライシングに関する経済学的な議論の整理を行い，環境面に重点を置いて若干の検討を加えることである．

3.1 基礎理論

　今日のロード・プライシングの考え方は，1960年代前半，Waltersの画期的

な論文以降，Mohring and Harwitz(1962)やイギリス交通省の有名な報告書であるスミード・レポート（Ministry of Transport(1964)）などで展開された．基本的な考え方は，道路交通における私的費用と社会的費用の乖離に着目し，その乖離分だけの税（いわゆる混雑税または混雑料金）を賦課することにより，道路利用に対する需要を抑制し，最適な交通フローの水準を達成しようというものである．このことを図2を用いて説明しよう．

図2では，自動車の利用に対する需要曲線，自動車の利用における私的限界費用曲線および社会的限界費用曲線が描かれている．縦軸で自動車を利用する際の費用が測られる．また，横軸では一定時間あたりのフローの交通量が測られている．いま，地点1から地点2までの自動車による移動について考察してみよう．各個人は地点1から地点2までの移動によって得られる満足度と移動にかかる金銭的費用や所要時間，さらには移動の際の諸々の苦痛などを総合的に考慮して，移動という行為を行うか否か，あるいは自家用自動車で移動するのか公共交通を利用するのかといった意思決定を行うはずである．すなわち，自動車による移動を行うことによる便益が自分自身の負担する費用を上回る限

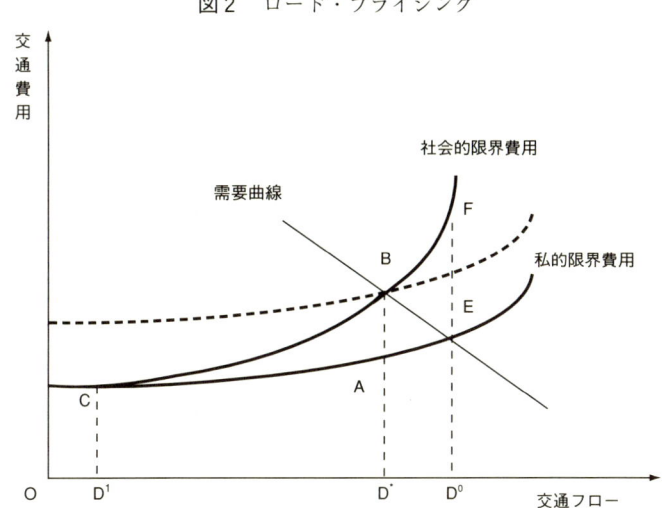

図2　ロード・プライシング

り，2地点間の自動車による移動が選択される．したがって，2地点間を結ぶ道路の交通量は各道路利用者の私的限界費用と需要曲線の交点 E で決まり，OD^0 の水準となる．

しかし，自動車を利用する際の費用のすべてが各道路利用者によって負担されているとは限らない．たとえば，自動車が走行する際に排出される排気ガスに含まれる窒素酸化物（NO_x）は地域環境の悪化をもたらすし，近年叫ばれている地球温暖化問題を考えても自動車の CO_2 排出は社会全体に対して少なからず負担を強いることになるだろう．NO_x や CO_2 の排出については交通量との関係も重要になってくる．道路利用が少ない状況下では，自動車はスムーズに走行することができる．しかし，交通量が一定の水準を超えると道路混雑が生じ，自動車の走行速度は低下する．その結果，移動に要する時間が増加するだけでなく，ガソリンの消費量も増加し，NO_x や CO_2 の排出といった外部費用も増加してしまう．さらに良くないことに，走行時間の増加やその他のマイナスの効果は，追加的な自動車の利用者だけでなく，その水準に達する以前からの利用者全体に及んでしまう．すなわち，混雑した道路における自動車の追加的な利用は，社会全体に対して多大なる外部不経済をもたらすのである．この外部不経済は，図2では社会的限界費用と私的限界費用との乖離部分によって表されている．混雑する以前の段階では，社会的限界費用と私的限界費用はほとんど一致しており，水平的に描かれる．しかし，交通量が OD^1 を超えると混雑によって走行時間が増加し，社会的限界費用と私的限界費用が明らかに乖離するようになる．本来，社会全体の厚生を最大化する交通量は OD^* であるが，何ら政策的な措置が採られないとすれば，前述のように，各道路利用者は自らの私的費用のみを考慮するため交通量が OD^0 となり，社会的に最適な水準を上回ってしまう．その結果，三角形 BEF の厚生損失が生じるのである．

図2において，最適交通量 OD^* における社会的限界費用と私的限界費用の乖離分は AB の長さで表されている．ここで，もし AB だけの金額が料金として各道路利用者に課金されたとしよう．その結果，道路利用における私的限界費用は AB 分だけ上方にシフトすることになる．これにより，点 B において新し

い道路利用の私的限界費用と需要が一致し，交通量が OD^* の水準に落ち着き，社会的に見て最適な状態が達成される．

以上の考え方を数式を用いて説明すると以下のようになる．まず，自動車を利用した場合の社会全体の総費用 SC は，

$$SC = n \cdot C + r(n) + E(n) \tag{1}$$

と表される．ここで，n は一定時間あたりの当該道路の交通量，C は地点1から地点2まで走行する際に要する利用者自身の負担する私的費用を表している．この私的費用は主に時間コスト t と燃料コスト f，および当該道路の通行料金 p から形成されている．すなわち，

$$C = p + t(n) + f(n)$$

と表現することができ，結局，私的費用も交通量 n の水準によって決定されることになる．交通量が増大し，道路混雑が発生すると走行速度が低下し，同時に燃費効率も悪化するので，$t' > 0$，$f' > 0$ である．(1)式における r は道路のメンテナンス費用であり，E は自動車利用に伴って生じる排気ガスによる環境面でのマイナスの効果を表している．メンテナンス費用 r および環境悪化を表す E は，交通量の増大につれて，当然，大きな値をとるようになる．

次に，当該道路の自動車利用の純便益について考えてみよう．純便益 NB は当該道路の利用における総便益と総費用の差で表されるので，

$$NB = \int_0^n F(q)dq - n[t(n) + f(n)] - r(n) - E(n) \tag{2}$$

である．なお，$F(n)$ は自動車利用の逆需要関数である．したがって，純便益を最大化するための条件は

$$F(n) = t(n) + f(n) + n[t'(n) + f'(n)] + r'(n) + E'(n) \tag{3}$$

である．すなわち，

$$p^* = n[t'(n) + f'(n)] + r'(n) + E'(n) \tag{4}$$

となるとき，社会的厚生が最大化される．したがって，p^* が最適な道路通行料金と考えられ，交通量 n の関数として表される．自動車を利用する際に発生する外部性を正確に算定し，料金というかたちで徴収することにより，社会

的に望ましい状態が達成できるのである．ここでのモデルでは，自動車利用における外部性として(4)式の右辺の各項，すなわち時間的費用および燃料消費の増加，道路損傷（道路のメンテナンス費用の増大），さらには環境への悪影響が想定されている．なお，道路の耐久性を考えると $r'(n)$ は実際にはきわめて小さく，ほとんど0に近い値をとるものと考えられる．

3.2 環境費用の徴収に関する検討

今日では我が国においても，環境政策の一環としての道路利用に対する課税が真剣に議論されるようになっている．たとえば，平成12年11月の東京都税制調査会の答申では，首都高速道路という特定のエリアで，かつ大型ディーゼル車に限定しているものの，ロード・プライシングの性格を有する「大型ディーゼル車高速道路利用税」の創設を提言している．都の考えている大型ディーゼル車高速道路利用税は大型ディーゼル車の環境負荷に着目したもので，「その税収をディーゼル車微粒子除去装置（DPF）の装着補助や次世代の新規制適合車への買換補助等の環境対策経費に充てる」[13]という環境改善をねらった目的税である．本節では，環境政策としてのロード・プライシングについての考察を深めるため，環境悪化の外部費用についてもう少し掘り下げて考えることにする．

3.1節では，自動車の利用における環境悪化の外部費用を $E(n)$ という形で定式化していた．しかしながら，環境悪化の外部費用は，道路の一定時間当たりの交通量が増大するにつれて逓増するものと考えられる．これは，当該道路を利用する自動車の台数自体の増加と自動車1台当たりの排出ガスの増大の2つの要因によるものである．実際，時速80キロまでは平均車速が高いほど燃費が良くなることが知られている．さらに，停車時でさえエンジンが運転され，燃料が消費されるが，図3で示されるように平均車速が低下するにつれて停車の時間割合が高く，停車時の燃料消費割合（全燃料消費量に対する停車時の燃料消費量）も高くなる傾向が見られ，[14] 平均車速の低下につれて NO_x の排出量も増大する（図4参照）．

第5章　ロード・プライシングと環境負荷　125

図3　平均車速と停車時の時間割合および燃料消費割合

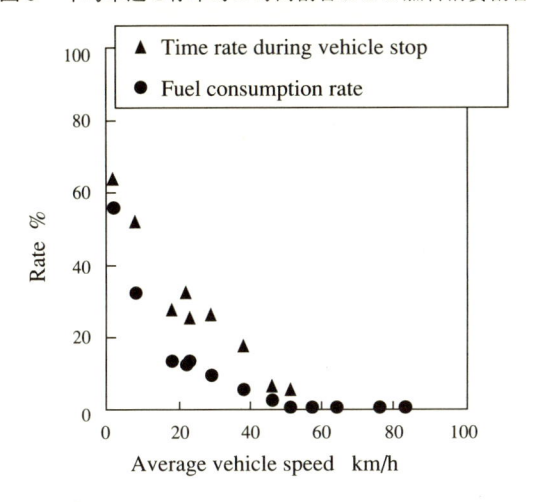

▲ Time rate during vehicle stop
● Fuel consumption rate

Rate %
Average vehicle speed　km/h

（出所）岩井（2000），3頁，図1

図4　平均車速と NO_x 排出係数

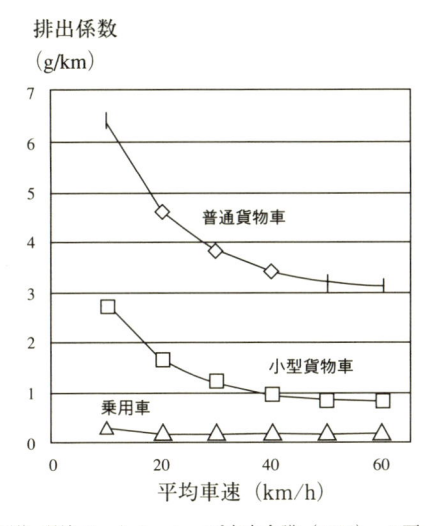

排出係数
（g/km）

普通貨物車
小型貨物車
乗用車

平均車速（km/h）

（出所）環境パートナーシップ東京会議（1999），4頁，図4

結局，環境悪化の外部費用 E は当該道路の交通量 n と自動車1台当たりの排出ガス e の積，

$$E = n \cdot e(f(n)) \tag{5}$$

と表すことができると考えられる．このとき，社会的な限界費用 SMC は

$$SMC = t(n) + f(n) + n[t'(n) + f'(n)] + r'(n) + e(f(n)) + n \cdot \frac{\partial e}{\partial f} \cdot f'(n)$$

$$= t(n) + f(n) + nt'(n) + r'(n) + e(f(n)) + n \cdot \left(1 + \frac{\partial e}{\partial f}\right) f'(n) \tag{6}$$

である．最初の2つの項 $(t(n) + f(n))$ が自動車を利用する際の私的費用（もしくは単位費用）PMC であり，残りの項が SMC と PMC との乖離分となっている．

ここで考えられうる道路交通による環境悪化の改善，すなわち自動車の利用にともなう排出ガスの総排出量を削減するための方法として，

① 交通量 n の抑制
② $f'(n)$ の低減
③ $\partial e / \partial f$ の低減

の3つが挙げられる．

最初の方法である交通量 n の抑制のためにはロード・プライシングの実施が望ましいが，道路利用に対して通行料金を徴収できない場合でも，自動車の取得段階や保有に対する課税，道路利用に対する直接的な規制等，さまざまな方策により n の抑制は可能である．なお，(5)式にもとづいて環境悪化の外部費用を定義すれば，最適な道路通行料金は(6)式における SMC と PMC の乖離分であり，(4)式は

$$p^* = n[t'(n) + f'(n)] + r'(n) + e(f(n)) + n \cdot \frac{\partial e}{\partial f} \cdot f'(n) \tag{7}$$

と書き換えることができる．

ロード・プライシングなどによる交通量 n の抑制が困難な場合には，環境の改善のために2番目の $f'(n)$ の低減や3番目の $\partial e / \partial f$ の低減を推し進める

ことも一層重要となるだろう.

　$f'(n)$ を低減させるためには，道路管理者側の一層の努力が求められる．すなわち，当該道路の車線や幅員の増加をはじめとする道路改良や交通流を十分考えた信号政策など，行政側の混雑緩和のための努力が必要である．

　$\partial e/\partial f$ の低減のための具体的な方策としては，エンジンの改良等による燃費効率の改善や，排出ガスの少ない低公害車の開発および普及促進などが考えられる．その際に行政の側では，低公害車の開発のためのさまざまな支援を行ったり，普及促進のための税制面での措置（グリーン税制等）を講じることが望まれる．なお，$\partial e/\partial f$ の低減のみによって環境改善を図った場合，(6)式の第3項の $nt'(n)$ には影響を与えないので，道路混雑は解消されず，各道路利用者の時間的な負担が残ってしまう．現実には，道路混雑によるヒトやモノの流通の遅れは，社会の広い範囲に影響を及ぼすので，道路混雑の解消も重要な課題となっている．

4．現代社会におけるロード・プライシング

　経済学の理論的な見地からは，ロード・プライシングが交通政策上優れた方策であることについての異論は少ない．しかし，現実の社会を見てみると，ロード・プライシングが実施された事例は世界的に見ても驚くほどに少ない．ロード・プライシングが実施に至らなかった原因については次節で考察することにし，本節では，ロード・プライシングの導入の成功例と考えられているシンガポールの事例を紹介し，あわせて我が国におけるロード・プライシング導入に向けた動きを概説する．

4.1　シンガポールの事例

　ロード・プライシングの実施例としては，1980年代の香港での実験やオスロ，ベルゲンおよびトロンハイム（ノルウェー）のトールリング・システム（Toll Ring Systems）などがしばしば取り上げられる．しかしながら，香港に

おける実験では，ロード・プライシングがかなりの精度で技術的には可能であることを示したものの，最終的に本格的な実施には至らなかった．また，ノルウェーの3都市におけるトールリング・システムは道路建設の資金調達が主目的であり，元来，道路混雑の解消を意図したものではない．本章で考察してきたロード・プライシングの代表的な事例としては，シンガポールにおいて実施されていたエリアライセンス制度（ALS；Area Licence Scheme）と現行のエレクトロニック・ロード・プライシング（ERP；Erectronic Road Pricing）を挙げることができる．

シンガポールでは，中心業務地区（CBD；Central Business District）における通勤時間帯の過度の交通渋滞を解決するため，1975年6月，世界に先駆けてALSという道路料金賦課制度が新たに導入された．ALSはコードン方式と言われるロード・プライシングの一種で，渋滞の激しいCBDに制限区域（restricted zone）として交通規制線（cordon）を設け，混雑の激しい時間帯（制限時間帯）にそこを通過する車両から料金を徴収する制度である．当初，乗用車による通勤の抑制が目的と考えられ，自家用車や社用車が規制の対象とされ，規制を行う時間帯も朝の通勤時間帯（7時30分～10時15分）に限定されていた．[15] しかし，その後の情勢の変化に伴ってALSの性質も変わり，通勤車両のみならず渋滞の原因となる車両を規制するよう，貨物自動車や自動二輪車に対しても料金が賦課されるようになった．また，規制時間帯についても，朝の通勤時間帯だけでなく夕方，さらには昼間時間帯と規制が段階的に拡大された．

ALSでは，各ドライバーは入域許可証（Area Licence）を購入してフロントガラスに貼付して標示する方式がとられたが，利用者にとっての許可証の事前購入の手間や違反者の取り締まりのための監視費用などのコストが高く，問題があった．そこで，シンガポール政府は1998年よりERPを導入し，これによりノンストップで自動的に課金できるようになった．なお，今日では中心業務地区以外の道路でも渋滞が発生するようになっており，図5で示したCBDにおける3つの制限区域以外の地区の道路（たとえば，Ayer Rajah Expressway

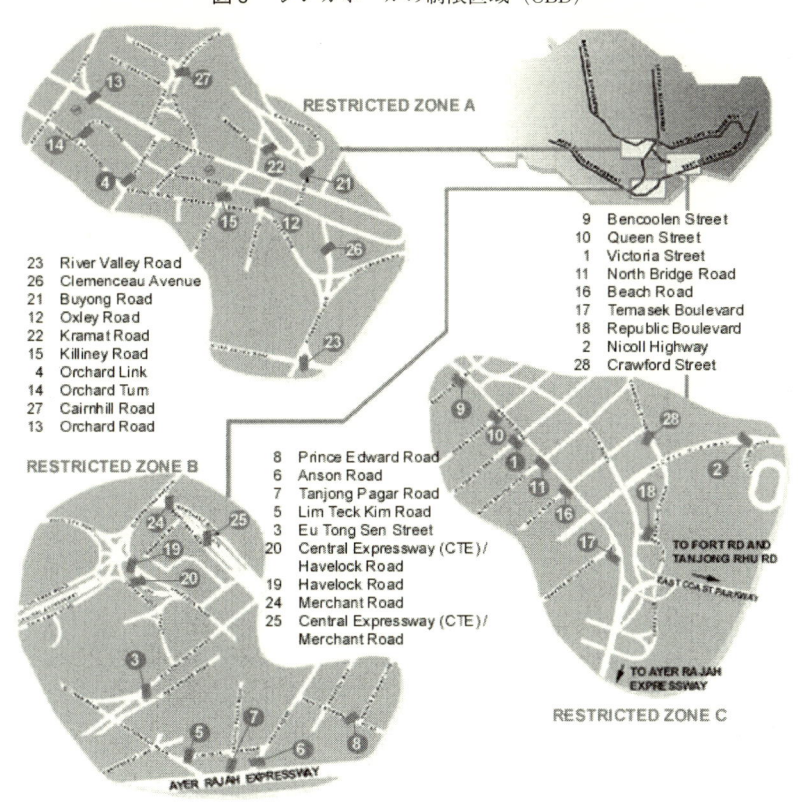

第5章 ロード・プライシングと環境負荷 129

図5 シンガポールの制限区域（CBD）

RESTRICTED ZONE A

23 River Valley Road
26 Clemenceau Avenue
21 Buyong Road
12 Oxley Road
22 Kramat Road
15 Killiney Road
4 Orchard Link
14 Orchard Turn
27 Cairnhill Road
13 Orchard Road

9 Bencoolen Street
10 Queen Street
1 Victoria Street
11 North Bridge Road
16 Beach Road
17 Temasek Boulevard
18 Republic Boulevard
2 Nicoll Highway
28 Crawford Street

RESTRICTED ZONE B

8 Prince Edward Road
6 Anson Road
7 Tanjong Pagar Road
5 Lim Teck Kim Road
3 Eu Tong Sen Street
20 Central Expressway (CTE)/ Havelock Road
19 Havelock Road
24 Merchant Road
25 Central Expressway (CTE)/ Merchant Road

RESTRICTED ZONE C

（出所）シンガポール陸上交通庁（The Land Transport Authority）ホームページ
http://www.gov.sg/lta/2_ERP/cbd_map.htm

(AYE), Central Expressway (CTE), East Coast Parkway (ECP), Pan Island Expressway (PIE) 等）でも ERP が適用されるようになった．

ERP のねらいは，ドライバーに対して自動車を運転する際の真実のコストをより強く認識させることにある．表2は2001年1月2日から適用されている乗用車を対象とする通行料金表である．料金は乗用車のほか，自動二輪車，タクシー，小型貨物車，大型貨物車など車種ごとに6つに区分され，それぞれ異なる料金が設定されている．これらの料金は祭日を除く月曜日から金曜日まで

表 2　ERP レート (2001年2月18日現在)

PASSENGER CARS
(With effect from 02 January 2001)

Monday to Friday	7.30am–8.00am	8.00am–8.30am	8.30am–9.00am	9.00am–9.30am	9.30am–10.00am	10.00am–12.00pm	12.00pm–12.30pm	12.30pm–5.30pm	5.30pm–6.00pm	6.00pm–6.30pm	6.30pm–7.00pm
Expressways											
AYE between Portsdown Road and Alexandra Road	$0.00	$0.50	$1.50	$0.00							
CTE after Braddell Road, Serangoon Road and Balestier slip Road	$1.00	$2.50	$2.50	$0.50							
CTE between Ang Mo Kio Ave 1 and Braddell Road	$1.00	$1.00	$0.50	$0.50							
ECP after Tanjong Rhu Flyover	$0.00	$1.50	$2.00	$0.50							
PIE after Kallang Bahru exit	$0.50	$1.50	$1.00	$0.00							
PIE eastbound after Adam Road and Mount Pleasant slip road into the eastbound PIE	$0.50	$1.00	$1.00	$0.50							
PIE slip road into CTE	$1.50	$2.00	$2.00	$1.00							
Arterial Roads											
Bendemeer Road southbound after Woodsville Interchange	$0.50	$0.50	$0.50	$0.50							
Kallang Road westbound after Kallang River	$0.00	$0.50	$0.50	$0.50							
Thomson Road southbound after Toa Payoh Rise	$0.50	$1.00	$1.00	$0.50							
Restricted Zone (Nicoll Highway)	$0.50	$2.50	$2.50	$2.00	$1.00	$0.00	$0.50	$1.00	$1.50	$2.00	$1.00
Restricted Zone (All other gantries)	$0.00	$2.00	$2.50	$2.00	$1.00	$0.00	$0.50	$1.00	$1.50	$2.00	$1.00

(出所) シンガポール陸上交通庁 (The Land Transport Authority) ホームページ　http://traffic.smart.lta.gov.sg/erp_rates_for_cars.htm

適用されるものであるが，料金水準は道路交通状況によって容易に変更されうる．[16] 同表からもわかるように，時間帯や道路によって料金が異なっており，いつ，どのルートを利用するか，あるいは自動車を運転するか否かについてのドライバーの選択を促すものと考えられる．また，ERPにより，カー・プール（自動車の相乗り）や公共交通へのモーダルシフトが進むことも期待され，渋滞の解消が図られている．かつてはALSの料金設定が妥当な水準であるか否かについて盛んに議論されたが，[17] 今日のERPシステムでは路線別，時間帯別に料金の設定・変更が行われるため，ロード・プライシングの理論における最適な料金水準により近い水準の課金が可能となっている．

シンガポールではこれまで，ALSの導入をはじめ，積極的な道路交通抑制政策を推進してきた．しかしながら，単に自動車を都市部から締め出すというのではなく，同時にバス・システムの改善や部分地下の都市鉄道MRT（Mass Rapid Transit）の整備などの公共交通の充実化とその利便性の向上を図り，生活者の交通の確保に努めてきている．

4.2 日本におけるロード・プライシングの動向

我が国においても，東京，大阪などの大都市圏を中心に道路交通混雑はきわめて深刻化しており，その環境面への影響は著しいものとなっている．我が国では第二次大戦後，積極的な道路建設を続けてきたが，自動車保有台数が著しい伸びを見せたため，深刻化する混雑問題に対して道路の供給面だけの措置では対応しきれない状況になっている．そこで近年，道路に対する需要面からの施策，いわゆるTDM施策が注目を集めている．中でもここ数年，環境改善の視点から特に脚光を浴びているのがロード・プライシングである．現在のところ，我が国ではロード・プライシングは実施されていないが，近い将来の導入に向けていくつかの地域で具体的な動きが出始めている．

1996年5月，神奈川県鎌倉市において今後の交通政策の指針となる報告書「鎌倉地域の地区交通計画に関する提言」がまとめられ，将来的なロード・プライシングの導入が示唆された．[18] この交通計画案におけるロード・プライシ

132

図6 鎌倉市におけるロード・プライシング導入案

(出所) 鎌倉地域交通計画研究会 (1996), 19頁

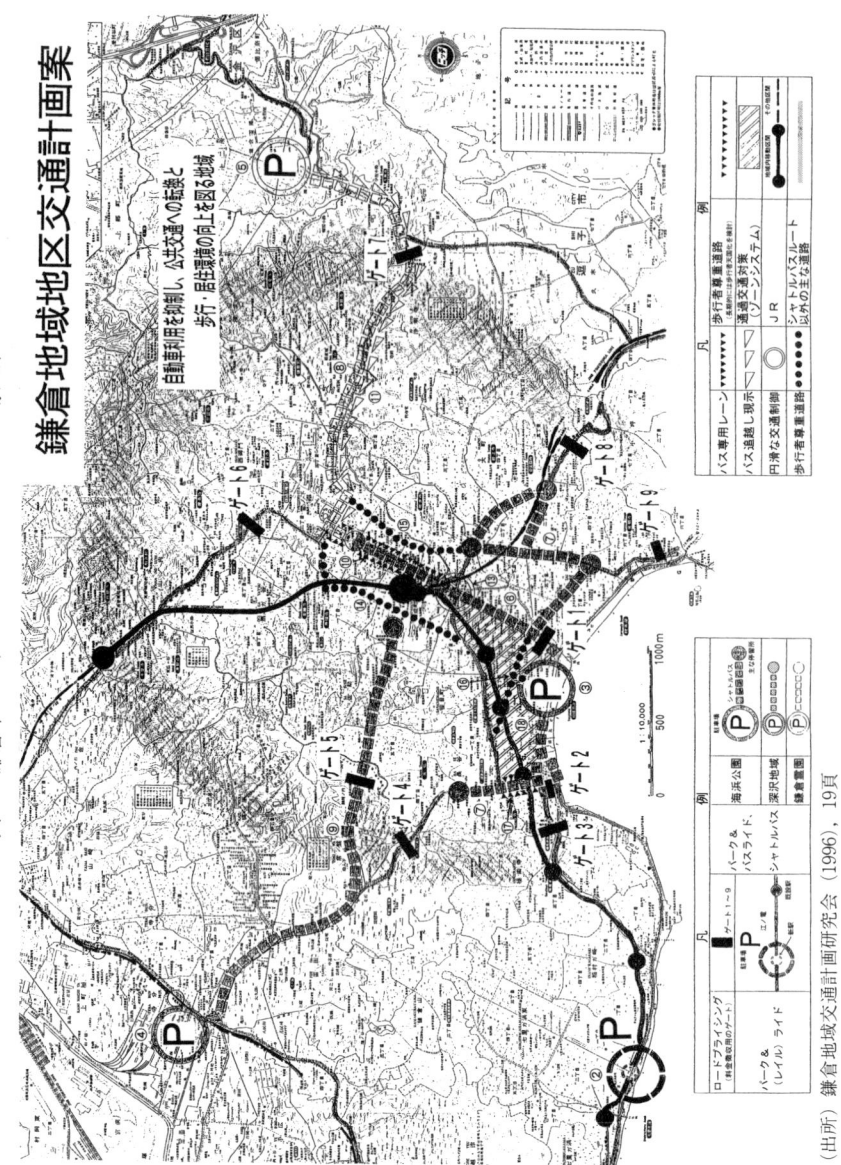

ングではシンガポールの ALS と同様にコードン方式の採用が考えられており，鎌倉地域の外周部に9つのゲートを設け，当該地域内に進入しようとする自動車に対して課金を行うことを想定している（図6参照）．鎌倉市が掲げたロード・プライシングの導入計画は我が国における最初の試みであり，非常に大きな関心を集めたが，現行法の下では一般道における料金徴収が不可能であり，実施には至っていない．

　また，2000年12月に和解が成立した尼崎公害訴訟の和解条項に「阪神高速道路三号神戸線と五号湾岸線において，料金に格差を設ける環境ロードプライシングを早期に試行的に実施する」との条項が盛り込まれ，阪神高速道路公団では現在，ETC（ノンストップ自動料金支払いシステム）の整備等，「環境ロードプライシング」[19] の導入に向けた準備を進めている．阪神高速道路の場合はもともと有料道路であるため，鎌倉市の場合と異なり，現行の法体系の下でのロード・プライシングの実施が可能である．阪神高速道路における今回の試みは，これまで本章で考察してきた交通需要削減を意図した課金型のロード・プライシングとは多少意味合いが異なる．しかしながら，今日，ロード・プライシングを考える際には，自動車利用における環境負荷が非常に重要であるので，道路への価格付けによって環境問題の解決を図るという考え方は，今後のロード・プライシングの実現に向けた大きな前進と見ることができる．

　そのほか，東京都においても2003年度以降の早期にロード・プライシングを導入する方向で検討が進められている．ロード・プライシングの導入は東京都が2000年2月に策定した「TDM 東京行動プラン」の柱の一つであり，都では現在，「東京都ロードプライシング検討委員会」（会長・太田勝敏東京大学大学院工学系研究科教授）を設置し，実施に向けた具体的な検討を進めている．都の考えるロード・プライシングも鎌倉市の場合と同様，コードン線を設け，対象区域に進入する自動車に対して課金を行うことを想定している．平日の午前7時から午後7時の間に対象地域に進入する全車種を対象とすることが検討されており，課金徴収に掛かる直接費用，間接費用を除き，都市交通の円滑化や環境改善などに料金収入を活用する方針を打ち出している．[20] 課金額について

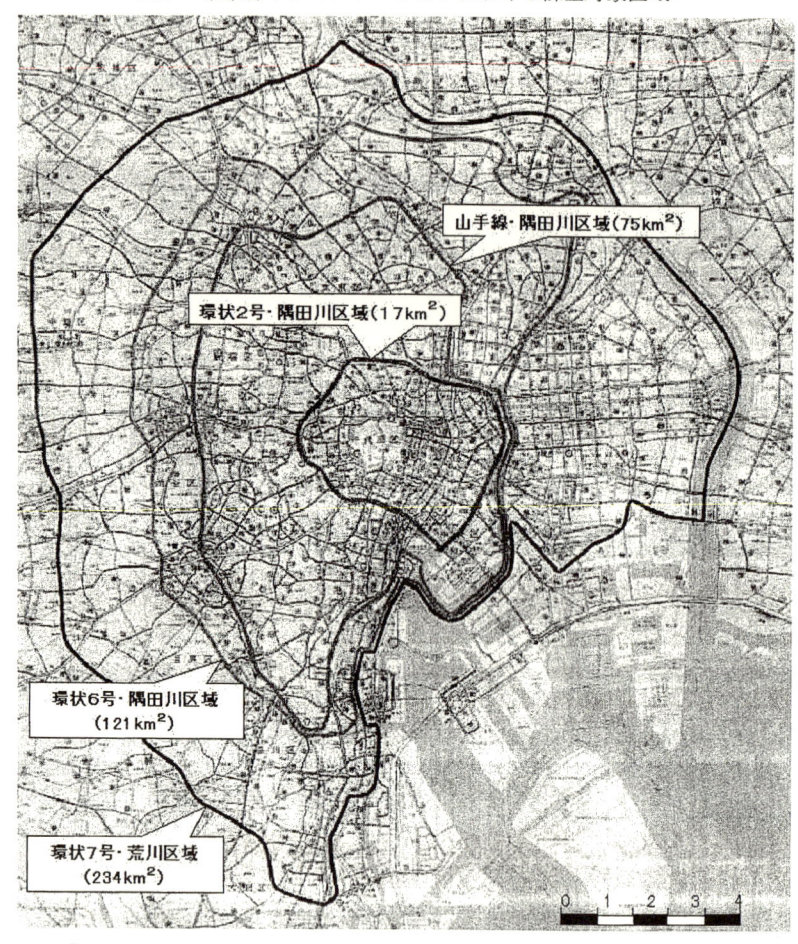

図7　東京都のシミュレーションにおける課金対象区域

　山手線・隅田川区域（75km²）
　環状2号・隅田川区域（17km²）
　環状6号・隅田川区域（121km²）
　環状7号・荒川区域（234km²）

（出所）「第4回東京都ロードプライシング検討委員会議事録」（別添資料）
http://www.kankyo.metro.tokyo.jp/jidousya/roadpricing/4b-siryo.htm

は大気汚染や地球温暖化等の環境費用や渋滞といった外部費用を積み上げるのではなく，ロード・プライシングで行われるべきNO_xの削減目標を設定して課金額を設定するという方式が考えられており，[21] 環境改善を第一に考えた結果，混雑の解消にもつながるとのスタンスをとっている．都ではすでに，図7

に示す4つの区域（環状2号・隅田川区域，山手線・隅田川区域，環状6号・隅田川区域，環状7号・荒川区域）においてロード・プライシングを実施した場合のシミュレーションを行い，ロード・プライシングの実施効果を算定した．その結果，2010年時点で小型車で400〜600円，大型車で800〜1200円のコードン方式の課金を行うことにより，環状6号・隅田川区域もしくは環状7号・荒川区域を対象区域とすれば，目標値として設定した300〜400 t/年のNO$_x$削減が達成できるとの結果を得た．[22)] しかしながら，現状では実際の対象区域や課金額等の具体的な内容は決まっておらず，ロード・プライシングの法的根拠となるべき条例の制定等，法律面での問題も残されている．[23)] なお，東京都では，3.2節で述べたように，首都高速道路の都心部へ流入する大型ディーゼル車に対して法定外目的税「大型ディーゼル車高速道路利用税」の課税を進めているが，ロード・プライシングの導入に際して首都高速道路の利用者に対する二重課税を行わないことがすでに確認されている．

以上において，我が国におけるロード・プライシング導入に向けた動向を例示してきた．我が国においても今日，環境対策としてロード・プライシングの重要性がより強く認識されてるようになっていることが分かる．理論的には望ましいと考えられながらも，ほとんど実現に至らなかったロード・プライシングは，環境面を重視するようになってようやく必要性が認識され，実施される方向で動き出したのである．

5．ロード・プライシングの実施に向けた今後の課題
　　——結びにかえて——

ロード・プライシングが今日の道路混雑とそれに伴う種々の環境問題の解決に有効な政策であったとしても，政策の実施に際して解決されなければならない問題がいくつも存在している．Waltersの論文以降，研究面では数多くの業績が出てきているものの，今日までロード・プライシングがほとんど実施されなかった理由として，一般に，①技術面の問題（料金徴収に関する技術的限

界），②公平性の問題，③物価への影響，④料金収入の使途の問題，⑤社会的合意形成の問題などが考えられてきた．しかしながら，ロード・プライシングの理論的な研究が始まった1960年代と比べると，今日では技術面で格段に進歩しており，ERPシステムの導入によって道路混雑の度合いに応じた料金の設定と徴収が可能になってきている．公平性に関しては意見が分かれる問題である．首都高速道路や阪神高速道路のような有料道路はともかく，鎌倉市や東京都で検討されているように一般道に課金する場合，料金負担能力の有無によって生活における必須の手段を奪いかねないとの考え方がある．しかしながら，今日では公共交通も発達しており，課金により生活の必須手段を喪失するとは考え難い．また，自動車を保有する能力を有していることを勘案すれば，課金によって当該道路を利用しなくなったとしても社会的弱者であると考えるのは問題がある．課金による物流費の高騰に伴い，物価水準が上昇する可能性は否めないが，共同集配等の物流の効率化によるコストの引き下げや鉄道輸送へのモーダルシフトが一層進むことも期待され，環境改善に大きく寄与するものと思われる．料金収入の使途についても，大きく意見が分かれる問題である．我が国の場合，揮発油税をはじめとする自動車関係諸税の多くはこれまで道路特定財源とされてきた．ロード・プライシングが単に道路混雑の緩和を目的とするのであれば，料金収入も道路改良等，道路利用者の便益の向上につながるものに使途を限定し，すべてを利用者に還元すべきである．しかしながら，今日のように環境改善という目的が加わるに至り，使途についても幅広く考える必要が生じてきている．道路利用による環境悪化の改善を図る費用に充てることはもちろん，そのほか公共交通の整備や低公害車の開発や普及の促進のために料金収入を充てることすら，我々の生活環境を守るという目的のためには必要である．

　今日考えられるロード・プライシングの導入における最大の課題は，いかにして社会的合意を形成するかという問題であろう．道路利用者の感情としては，道路が混雑する上に料金までとられるということには納得がいかないため，合意形成は困難な問題なのである．ロード・プライシングは理論的には望

ましい結果をもたらすのであるが，一般の道路利用者に十分に理解されておらず，また料金収入が道路利用者に還元されることが保証されない限り，課金によって損失を被るおそれがある．そのため，ロード・プライシング導入に関する合意形成はきわめて困難であった．しかし，近年の環境問題への関心の高まりから，道路交通量の削減による環境の改善のためには，道路への課金もやむを得ないとの考えが広まりつつある．したがって，かつてロード・プライシングの導入に関して問題視されてきた課題は，今日ではほぼ解消されつつある．

　しかしながら，我が国におけるロード・プライシング導入の動向を見る限り，まったく問題がないというわけでもない．阪神高速道路における環境ロードプライシングはともかく，我が国では鎌倉市や東京都といった一地方公共団体のレベルでロード・プライシングの導入が検討，議論されている．もちろん，地方レベルでロード・プライシングを実施しても効果は十分に見込めるが，特定地域におけるロード・プライシングの実施が他の地方団体の域内の交通にも大きな影響を及ぼすおそれがある．1つの地方団体におけるロード・プライシングの導入が近隣地域に含めて，単純に道路交通量の減少につながるのであれば，問題は地方団体間での料金収入の遍在にとどまる．しかし，近隣地域の道路利用者がルート変更によって課金エリアを避け，他の地方団体における道路の混雑を引き起こし，環境悪化を深刻化させる可能性もある．また，2つ以上の地方団体を通る道路において，各地方団体がそれぞれ独自に課金を行ったとすると，利用者の料金負担が極めて高くなり，必要以上に道路利用が抑制される可能性も否めない．その場合には，ロード・プライシングの導入により，社会全体の厚生が悪化し，道路施設が有効に活用されずに補修等の維持管理費用ばかりが嵩むという結果に終わってしまう．したがって，たとえ環境の改善が主目的であっても，ロード・プライシングは本来，一地方団体レベルで実施すべき施策ではなく，国もしくは地方団体の広域的な連携によって行われるべきであろう．たとえば東京都内，特に区部における交通状況はきわめて悪く，環境への悪影響も著しい．しかしながら，都心における道路交通のかなりの部分が他県からの流入であったり，通過交通であることを考えれば，東京都にとっ

ての利益のみを考えるのではなく，より広い見地から施策を検討し，実施していくべきであろう．今後，環境対策を軸に，混雑の解消も視野に入れたロード・プライシングがさまざまな地域で検討されるかもしれない．しかしながら，地方分権がさらに進むと考えられるだけに，地方団体は自らの地域内の環境や交通状況のみならず，他の地域への影響をも十分に考慮した施策の実施を心掛けなければ，地方団体間の摩擦が増加することも懸念される．理論上，道路に対して最適な料金を課金することができれば，自動車利用の増大に伴う道路混雑問題と環境悪化の問題が大幅に改善され，社会的に望ましい状態が達成される．したがって，環境問題への関心の高まりを契機として，今後，我が国でもロード・プライシングの積極的導入を検討すべきであるが，どこが施策の実施主体となるかということについても十分に注意を要するのである．

注

1) ECMT (1995), 194-196頁.
2) ロード・プライシングという用語は通常2通りの意味で用いられる．1つは，道路混雑を抑制するために道路に料金を課するという狭義のロード・プライシングである．もう1つは，目的に関係なく，単なる道路の有料化を意味する広義のロード・プライシングである．本章では，特に断らない限りロード・プライシングという用語を前者の意味で用いている．
3) ECMT (1999), 40頁.
4) わが国の場合，道路の無料公開原則は法律上明文化されていないが，道路法第25条で料金を徴収しうるものとして橋または渡船施設が規定されており，この反対解釈により道路は料金を徴収できないものとされている．
5) この時期の有料道路の整備の多くは民間企業によって行われたが，政府による道路事業がまったく行われなかったわけではない．たとえば，連邦政府による最初の直轄の道路であるカンバーランド道路（Cumberland Road）は1813年から順次開通していき，最終的には道路延長が1,290 kmに及んだ．この道路は内陸部の開拓に大きく寄与したが，老朽化に伴い道路の維持管理は道路が通っている州に委ねられ，その整備費用は有料制により賄われることとなった．
6) 1940年に開通した最初の近代的有料道路たるペンシルバニア・ターンパイクの成功により，1950年までに30以上の州で有料道路が供用，建設あるいは計画された．
7) 1916年連邦補助道路法以後，有料道路への連邦補助は原則として禁止され

てきたが，87年陸上交通援助法の成立以降，有料道路事業に対する連邦補助も認められるようになってきた．また，80年代後半から米国でも混雑料金としてのロード・プライシングに対する評価が一層高まり，90年代に入るとロード・プライシング導入に向けた取り組みが活発化した．1991年の総合陸上交通効率化法（Intermodal Surface Transportation Efficiency Act；ISTEA）によって混雑料金パイロット・プログラムへの補助金の支出が行われるようになり，1995年にはカリフォルニア州のState Rout 91において混雑料金制が取り入れられた．

8) たとえば，ドイツでは1995年よりアウトバーンの大型車の通行が有料となり，1932年の供用開始以来続いてきた全線通行無料の基本方針が転換された．
9) OECD（2000），87頁．
10) 建設省道路局監修（2000），445頁．
11) ECMT（1999），220-221頁．
12) Walters（1961）でも最適な料金の推定は行われているが，その後もさまざまな研究が行われ，最適料金の推定が試みられている．たとえば，Kraus, Mohring, Pinfold（1976）では，ピークとオフピークを考慮に入れて分析され，フリーウェイの最適通行料金の推定が行われた．また，Newbery（1989）は，規模に関する収穫一定の仮定の下で，混雑費用が総資本費用の利子と維持費用の合計に等しく，最適な混雑料金によって道路費用の回収が可能であることを証明している．
13) 「東京都税制調査会答申―21世紀の地方主権を支える税財政制度―」（平成12年11月30日），68-69頁．
14) アイドリングのために消費される燃料の割合は，平均車速が5 km/h程度の渋滞走行では約55％にもおよんでいる（岩井（2000），3頁）．
15) なお，ALS実施当初，通勤車両の減少が目的とされたため，4人以上が同乗する車は規制の対象外とするカープール制が導入されたが，1989年のALSの改正時に廃止された．
16) たとえば，制限区域における午前9時30分から午後5時30分の間の料金は以前は一律であった（2000年9月1日現在では1ドル）が，現在では4つの時間帯に区分され，時間帯ごとに異なる料金が設定されている．
17) Michael Z. F. Li（1999）では，ALSにおける料金が高すぎると主張する先行研究の問題点を指摘し，一般的に入手可能なデータを用いて混雑料金の推計を行い，1990年までは3ドルという料金水準は高すぎることはないと結論付けている．
18) 同報告書は，地域の市民や企業などにより構成される鎌倉地域地区交通計画研究会（会長・髙橋洋二・東京商船大学教授）によりまとめられたもので，市ではこの提言に基づき自動車利用の抑制と公共交通の再生を図り，良好な交通環境の整備に向けた取り組みを進めるとしている．
  cf. http://www.city.kamakura.kanagawa.jp/info/plan/t_plan.htm

19) 阪神高速道路で導入が進められている環境ロードプライシングは，環境改善を目的として，大型車に対する通行料金に格差を設けることにより，住宅地周辺を通る内陸部の3号神戸線から湾岸部の5号湾岸線に誘導しようというものである．このように，料金格差をつけることにより交通量の調整を図る方法を料金調整型ロード・プライシングという．なお，同様の試みが首都高速道路の川崎地区でも検討されている．
20) 東京都「TDM（交通需要マネジメント）東京行動プラン」(2000年2月) 参照．(http://www.metro.tokyo.jp/INET/KEIKAKU/SHOUSAI/70 A 32100.HTM)
21) 2010年時点での東京都区部の幹線道路におけるTDM施策によるNO_xの削減目標は，「TDM東京行動プラン」では2000 t/年であったが，自動車排出ガスの規制強化により，現時点では，TDM施策のロード・プライシングによって分担されるべきNO_x削減量は400〜600 t/年と考えられている．
22) 「第4回東京都ロードプライシング検討委員会議事録」(資料3)
(http://www.kankyo.metro.tokyo.jp/jidousya/roadpricing/4 siryo 3.htm)
23) ロード・プライシングの導入に際して，法律面での1番の問題と考えられる「道路無料公開の原則」に関する東京都の見解は，道路の使用そのものを課金対象とするのではなく，自動車排出ガスの排出行為に対して課金を行うのであり，課金額が道路使用を制限するほどの高額でなければ道路法上も問題がないというものである（「第3回東京都ロードプライシング検討委員会議事録」参照）．

参考文献

Bohm, P. and P.-O. Hesselborn (1999), Transportation and environmental policy, in Folmer, H. and T. Tietenberg (eds.), *The International Yearbook of Environmental and Resource Economics 1999/2000 : A Survey of Current Issues*, Edward Elgar Publishing Ltd., Cheltenham, 1-43.

Dawson, J. A. L. and I. Catling (1986), Electronic road pricing in Hong Kong, *Transportation Research* 20 A, 129-134.

Dupuit, J. (1849), On tolls and transport changes (translated by Henderson, E. from *Annales des Ponts et Chaussees, 2e ser*, in *International Economic Papers*, 1962 (11), 7-31).

ECMT (1995), *Urban Travel and Sustainable Development*, Eiropean Conference of Ministers of Transport (ECMT), OECD, Paris.

ECMT (1999), *Traffic Congestion in Europe*, Eiropean Conference of Ministers of Transport (ECMT), OECD, Paris.

Gilpin, A. (2000), *Environmental Economics : A critical overview*, John Wiley & Sons, Ltd., Chichester.

Hau, T. D. (1991), Electronic road pricing : Developments in Hong Kong 1983-1989, *Journal of Transport Economics and Policy*, 24, 203-213.

Johansson, B. and L.-G. Mattsson (1995), *Road Pricing : Theory, Empirical Assessment and Policy*, Kluwer, Boston.

Knight, F. H. (1924), Some fallacies in the interpretation of social coat, *Quartely Journal of Economics* 38, 582-606.

Kraus M., Mohring, M. and T. Pinford (1976), The welfare costs of nonoptimum pricing and investment policies for freeway transportation, *American Economic Review* 66, 532-547.

Michael Z. F. Li (1999), Estimating Congestion Toll by Using Traffic Count Data—Singapore's Area Licensing Scheme—, *Transportation Research*, Part E 35. (浅田高弘訳「交通量データを使用した混雑料金の推計について」『高速道路と自動車』第43巻第2号, 2000年, 65-72頁.)

Ministry of Transport (1964), *Road Pricing : The Technical and Economic Possibilities*, H. M. S. O., London.

Mohring, H. and M. Harwitz (1962), *Highway Benefits : An Analytical Framework*, Northwestern University Press, Evanston.

Morrison, S. A. (1986), A survey of road pricing, Transportation Research 20 A, 87-97.

Newbery D. M. (1989), Cost Recovery from Optimally Designed Roads, *Economica*, 56, 165-185.

OECD (2000), *Integrating Transport in the City—Reconciling the Economic, Social and Environmental Dimensions*, OECD, Paris.

Pigou, A. C. (1920), *The Economics of Welfare*, Macmillan, London.

Small, K. A., Winston C. and C. A. Evans (1989), *Road Work : a new highway pricing and investment policy*, The Brookings Institution, Washington, D. C.

Walters, A. A. (1961), The theory and measurement of private and social cost of highway congestion, *Econometrica* 29, 676-699.

新井敏男, 福島康夫 (2000)「東京都における自動車公害対策の取り組み」『道路』714号 (2000年8月号), 44-47頁.

岩井信夫 (2000)「ハイブリッド自動車の将来展望」,『自動車研究』第22巻第11号, 2-10頁.

石井晴夫 (2000)「ノルウェーにおけるロード・プライシングの研究」『高速道路と自動車』第43巻第2号, 16-22頁.

運輸省編 (2000)『運輸白書』(平成11年度), 大蔵省印刷局.

加納敏幸 (1997)『交通天国シンガポール―最新交通システムと政策―』成山堂書店.

鎌倉地域交通計画研究会 (1996)「鎌倉地域の地区交通計画に関する提言」

環境庁編 (2000)『環境白書 (各論)』(平成12年版), ぎょうせい.

環境パートナーシップ東京会議 (1999)「自動車使用に関する東京ルール」(http://www.kankyo.metro.tokyo.jp/jidousya/tokyorule/rule 01.htm)

建設省編（2000）『建設白書2000』ぎょうせい.
建設省道路局監修（2000）『道路行政』（平成11年度版），全国道路利用者会議.
東京都税制調査会（2000）「21世紀の地方主権を支える税財政制度（答申）」
東郷　展（2000）「TDM 東京行動プランの策定―ロードプライシングを中心として―」『道路交通経済』2000年7月号，73-78頁.
宮野俊明（1997 a）「ロード・プライシングの理論と政策」『経済学研究論集』第21号，75-93頁.
宮野俊明（1997 b）「日本の高速道路政策に関する一考察」亜細亜大学大学院経済学研究科修士論文.
宮野俊明（2000）「自動車に係る税制と環境対策」『地球環境レポート』第2号，126-133頁.

参照 URL（2001年2月現在）

Land Transport Authority, Singapore：http://www.lta.gov.sg/index.htm
かまくら Green Net（鎌倉市）：http://www.city.kamakura.kanagawa.jp/
東京都：http://www.metro.tokyo.jp/index.htm
阪神高速道路公団：http://210.155.83.178/index.html

第 6 章

公共財としての廃棄物最終処分場の整備

1. はじめに

　時代を遡って，メソポタミアや黄河など古代文明においても，大規模な森林の破壊が行われたことは，歴史学の研究によって確かめられている．この森林の破壊は現在も進んでおり，農業における，耕地の拡大や開拓と自然環境の保全とは両立が困難なことは，熱帯雨林の開発における事例においても報告されている．産業革命以後において，鉱山の開発による河川の汚染や燃料確保のための森林破壊，有害物質の排出など農業以外の産業の発展は新たな環境問題を引き起こした．新しい産業による経済開発あるいは発展は，環境問題とは無縁の関係にはない．この意味において，開発と環境問題の負の連鎖あるいは因果関係の糸を断ち切る努力が現代社会に求められているといえるであろう．
　開発という概念は，経済開発，国土開発，地域開発，都市開発など大規模な土木事業を伴うものだけでなく，研究開発や商品開発など，個別の商品に関する詳細な技術や市場に関する知識にも広がりを持っている．持続可能な社会の建設という目標からいえば，ダムや鉄道建設など大規模な土木事業からペットボトルなど日用品に至るまで，生産活動の段階で環境への影響を考えないでいて，その生産活動がなされてから，環境保全への対応策を新たに講じるという

のでは，発生源での抑制と比較して，その原状回復へのコストが増大して，この目標の達成が容易ではないといえる．排出段階において環境に有害な物質を抑制することが，環境の対策として有効である．持続可能な社会では，自然界の浄化能力を超えた，環境への負荷を人間の生産あるいは生活の活動が与えないことが必要であり，その意味での循環社会のシステムが完成されなければならない．広い意味での，開発段階における，環境負荷の計算と削減のメカニズム設計の重要性を強調してもし過ぎることはない．

2000年には，拡大リサイクル法とも呼ばれる循環型社会形成推進基本法，改正再生資源利用促進法，改正廃棄物処理法，建築資材リサイクル法，食品リサイクル法，グリーン購入法からなる循環型環境リサイクル社会の構築を目指す一連の法律が制定された．これらの法律体系の整備によって，将来の循環型社会の基盤が整えられたと期待することができるが，どんなにリサイクルを進めても，最終廃棄物が発生することもまた避けられないという現実が存在する．たとえば，循環社会の構築のために推進されている分別収集を例にとっても，不燃物やペットボトルを家庭で洗浄するとしても，その汚水はやがて下水処理場に到着して，浄化の処理をされる．その過程で発生した汚泥は産業廃棄物として処理される．

開発と環境の両立が論じられるとき，廃棄物の終着点としての最終処分場の問題がクローズ・アップされる．廃棄物の最終処分場が確保されなければ，それ自体が，廃棄物の海外への輸出などを含めて，深刻な環境問題を引き起こしかねない．循環型の産業社会を構築するためには，行政の指導的な役割への期待が大きいが，新たな廃棄物処理の対応策では，消費者の責任や負担の範囲も拡大するように求められている．これらの対応策の中でも，生産者の段階で廃棄物を含めた生産物の管理を要請する必要性は現在では社会的にも受け入れられている考え方のように感じられる．ところで，企業活動は明確な目標を設定して，その目標達成のための合理的あるいは効率的な手段を選択することであるということもできる．多くの経済学の教科書において，企業が従業員の厚生や地域貢献などの社会的な使命を含めていろいろの目標を持つことが強調され

ながら，企業活動における利潤獲得に関する動機の強さにその分析の焦点が当てられる．企業は利潤や資産価値といった限られた指標を見ながら，生産活動を展開するということができる．その意味では，企業が関係する環境問題が解決するためには，企業にとって重要な指標に環境の指標も連動することが不可欠である．市場の価格の中に環境改善に関する取組みが反映されることが望ましいのである．廃棄物処分場の問題もこの市場機構の枠組みの中で処理されなければ，処分場の確保と企業活動が連動せず，廃棄物処理場確保に関して，国民によって承認されるような新たなルールを構築しなければならなくなる．一般的にいって，国民的な合意は多くの経験を積みながら徐々に形成されるものであるので，現在日本の社会が進めている環境問題の改善という重大な課題を達成するためには，時間を無駄にすることなく，着実に目標に接近する手法の採用が求められている．市場機構における価格調整機能を活用して，廃棄物の処理場を確保する方法は，循環社会という大きな目標から見ても問題解決への有効な指針を与えるものであろう．

このように，市場機構を活用するとしても，環境に関連する諸施設は一般的に，公共財あるいは社会資本に分類されることが多く，ここでは，フリー・ライダーの問題などのように，市場機構をベースとして供給あるいは整備が思うように行かないことが経済学の歴史のなかでも，繰り返し指摘されてきた．本章において，廃棄物の最終処分場の確保という問題に公共財の自発的な供給理論を適応することによって，その理論的な分析を行うための基本的な枠組みを提示したい．

公共財の自発的な供給理論において開発された理論モデルを用いることによって，廃棄物処理施設の整備の問題が分析される．廃棄物処理施設は，Levinson, A. (1999) によって指摘されるまでもないが，原子力の発電所などと共に住民にとって一種の迷惑施設の特徴を有しており，特に，NIMBY (Not In My Back Yard) といわれることがある．この特徴を効用関数で表現しなければならない．ところで，Mansbridge, J. J. (1990) などによる公共財の自発的供給の動機が研究されるが，その動機の有力な説明に利他主義がある．この説明に

よれば，各個人は，地域の住民や子孫などのために，社会に必要な施設や労力を提供するというのである．ただし，寄付した施設に，基金を提供した個人や団体名を冠することが，教育機関の施設などにみられるが，広い意味での利他的な動機のなかに，不純な動機がみられるという主張があり，Andreoni, J. (1989), (1990), などの論者は，このような行動を不純な利他主義（Impure Altruism）に基づくと呼ぶ．たとえば，このような利他的な動機の中には，個人の名声や近親者への特別の感情など純粋には利他的とはいいきれない要素があり，この動機は特に Warm Glow と呼ばれる．Cornes, R. と Sandler (1994)，および Vicary, S.(1997) は結合生産物としてこの Warm Glow と公共財が生産されることを論証した．また，田中廣滋と平井健之 (1994) はこの政府に公共財供給における不純な利他主義の影響を論じている．「地球環境レポート」3号の特集の1つである「開発と環境問題」のなかで循環型社会を構築するための産業廃棄物の処分問題が取り上げられた．この現状分析に対して，田中廣滋 (2000)は，経済理論による分析の骨組みが紹介された．以下の推論は，この理論の詳細を解説する．

　本章は以下のように構成される．第2節において，廃棄物の受入れと送り出す自治体の役割が明確ではない場合に関して，廃棄物処理施設の整備にこの不純な利他主義の理論を適応する基本モデルを提示する．廃棄物の自治体間移送に関する需要と供給の関数が導出され，市場価格が廃棄物の移送に与える効果が一種の混雑費用として市場の関係者に現れることが明らかにされる．また，市場がもたらす効率性と社会的な厚生の損失が明らかにされる．第3節では，廃棄物の移動元に当たる自治体がこの廃棄物の移動に関する市場での支出額を消費税で賄う場合の効果が分析され，次の結論が得られる．この場合，直接的な廃棄物移動に関する課税あるいは価格の設定よりは，結果として高い移送費用がもたらされる．第4節では，廃棄物移送に関して移送元と受入れ先の役割が明確な自治体間の問題が論じられ，次のような可能性が論証される．大都市と過疎地の間で実施される受入れ交渉では，財政などの力関係に基づく一種の依存関係が自治体間に発生して，交渉の主導権を有する自治体が，交渉に対し

て楽観的な見通しを有して，自治域内での廃棄物処理の取組みを緩めてしまう．

2．NIMBY施設としての廃棄物の最終処分場

2.1 廃棄物とImpure Altruism

　本章において，廃棄物の最終処分場の整備に関するモデル分析が展開される．まず，はじめに，このモデルの基本的な枠組みが説明される．廃棄物処理施設が十分に整備されないという社会全体としての対応の遅れは，廃棄物の不法投棄を増大させる要因にもなりかねない．約50万トン以上の産業廃棄物が不法投棄されたといわれる香川県豊島の問題に関しては，2000年5月に，公害等調査委員会は地元の住民に対する県の謝罪を求める調停を行った．このように，産業廃棄物といえど，投棄された廃棄物の処理は最終的には自治体の責任となる可能性も否定できない．[1] 実際に，豊島の廃棄物は，その隣の直島に建設された中間廃棄物施設で処理されるが，10年の時間と300億円の経費がかかるという予測もあり，しかも，その資金は税金などの国民の負担で賄われる．[2] また一般的にいっても，自治体が住民に対する公的なサービスを実施する段階で発生する廃棄物も一般廃棄物ではなく，産業廃棄物に分類され，この場合には，産業廃棄物の処分に公的機関が関与することが要請されるであろう．このように，一般廃棄物と産業廃棄物とを区別して論じようとしても，産業廃棄物の最終処分場が確保できないという異常事態ともいうべき状態が恒常化すれば，生産活動自体が抑制されることにもなりかねず，地域の経済活動に与える影響は深刻である．あるいは，このような深刻な状況の下では，廃棄物の不法投棄への潜在的な誘因が高まり，それを抑制するための監視活動を強めたり，不法投棄される廃棄物の処理を実施するなど，自治体は高い監視と処理費用を負担することも覚悟しなければならないであろう．いずれにしても，自治体が廃棄物の最終処分場を巡って引き起こされる混乱の大きな渦に巻き込まれないことを楽観的に期待することはできないであろう．

産業廃棄物の処理施設場の申請に関して千葉県の海上町で繰り広げられた議論は，産業廃棄物の施設に関しても，住民の側で示される自治体や国が設置への反対を認めることができない行政機関としての役割を浮き彫りにした．その経緯を示す新聞の記事を紹介してみよう．[3]

　「問題の施設は産業廃棄物業者の仲葉都市開発（千葉市）が建設を計画している管理型の最終処分場である．この施設には約4万8千万m^{2}の用地に約74万m^{3}の容積の燃え殻や汚泥などが埋め立てられる予定であり，施設は千葉県の海上町，銚子市と東庄町にまたがる区域に計画されている．この計画地の中に県有地が3箇所あり，事業者への売却の是非も焦点となっている．同業者は1988年に千葉県に事前協議を申請して，98年6月には設置認可を申請した．これに対して，建設地周辺にはすでに産業廃棄物の処理施設があったことなどから，地元住民が反発して，98年8月に海上町は住民投票を実施し，反対票が約85％に達した．千葉県も処分場から排出される処理水が近くの川に流れ込まないようにする「排水を蒸発散させる装置の能力が不足している」などとして不許可とする決定を下した．これに対して，同業者は厚生省に行政不服審査を請求した．これを受けて，厚生省は，この装置の能力が不足していても処理水が排出基準に適合していることなどから，処分の理由の妥当性がないと判断して，2000年3月に県の不許可処分を取り消す裁定を千葉県に通知した．同業者は2000年11月に再申請し，県も同月に施設の建設を許可する方針を固めた．」

　岐阜県の御嵩町では1997年に産業廃棄物処理施設計画の問題で全国初の住民投票が実施された．住民投票の結果反対が大多数を占めた．その結果を尊重して柳川善郎町長が計画に同意せず，産業廃棄物処理行政は国から都道府県への法定受託事務であることから，岐阜県は施設の建設を認可している．住民投票には，この計画を中止させる法的な拘束力は存在しないが，建設予定地の中心を町道が走っており，都市計画法上町長の同意が必要であり，この同意を巡って岐阜県と御嵩町の間で交渉が進められている．岐阜県では，県内の処分場の

新設が進まないことから，御嵩町での教訓を活かして，財団法人「地球環境村ぎふ」を設立するなどして，産業廃棄施設の立地推進に関与する方針を打ち立てている．[4]

現行の制度を前提とすれば，廃棄物を一般と産業に分けて議論することは，一見合理的であると感じられるが，循環社会を構築するための全体像を描く上では，かえって障害になる恐れがある．廃棄物の処理において，自治体間の廃

表1　自治体と産業廃棄物流入規制

都道県	他県からの流入規制	住民同意を規定	府県	他県からの流入規制	住民同意を規定
北海道	有	有	滋 賀	無	無
青 森	有	無	京 都	無	無
岩 手	有	無	大 阪	無	有
宮 城	無	無	兵 庫	無	無
秋 田	有	有	奈 良	無	有
山 形	有	有	和歌山	有	無
福 島	無	有	鳥 取	有	無
茨 城	有	有	島 根	有	無
栃 木	有	無	岡 山	有	有
群 馬	無	有	広 島	有	無
埼 玉	有	有	山 口	無	有
千 葉	有	有	徳 島	有	無
東 京	無	無	香 川	有	無
神奈川	無	無	愛 媛	有	有
新 潟	有	有	高 知	有	有
富 山	有	無	福 岡	無	無
石 川	有	有	佐 賀	有	無
福 井	無	無	長 崎	無	無
山 梨	無	無	熊 本	有	無
長 野	有	有	大 分	有	無
岐 阜	無	無	宮 崎	無	無
静 岡	有	有	鹿児島	有	無
愛 知	無	有	沖 縄	無	無
三 重	有	有			

（出所）朝日新聞都道府県アンケート，前掲注3．

棄物の移動が見られ，この廃棄物の移動に関して，関係自治体が協力して反対の意向を強める受入先の自治体の住民から同意を取りつける作業をしなければならない．全国では，28道県が他の自治体からの産業廃棄物の流入に規制を実施しており，「22道府県が処分場建設にあたって事業者に同意を求めるように綱領などで定めている．」[5] 全国的に統一的な行政が実施されているとは言いがたい現状を考慮すれば，産業廃棄物の処理問題でも，程度に差はあっても，一般廃棄物と同様に，自治体にある程度の行政上の責任があることは否定できない．自治体としても，国の行政の一部を代行することだけに止まらずに，廃棄物に対する総合的な取組みが今後求められることになるであろう．

以下において，自治体による廃棄物行政の機能を明確にする理論モデルが提示される．分析を容易にするために，2つの自治体で発生する廃棄物を処理するための施設の建設が論じられる．以下で展開される分析手法は，2つの地域において発生する産業廃棄物の処理施設を建設する問題にも適応可能である．代表的な個人の効用関数が u で表示される．産業廃棄物の最終処分の一部を他の地域にゆだねる地域が地域1，その廃棄物を結果として受け入れる地域が地域2とよばれる．この2つの地域における活動を区別するために，地域1と2における，自地域内での個人当たりの処分量が x_1, x_2, 私的財の個人の消費量が y_1, y_2 で表示される．それぞれの個人の所得が M_1, M_2 で，住民の数は n_1, n_2 である．以上の各変数は正の数であると仮定される．この2つの地域が共同で処分を実施すると想定されることから，処分量の総量は地域の住民の生活を支える基本的な要素であり，公共財を形成するということができる．公共財と私的財の価格は1である．私的財は価値尺度財として用いられ，公共財の価格は廃棄物を1単位処理するために必要な私的財の数量が1単位であることを意味する．本節では，廃棄物処理に要する費用は一定であると想定される．住民にとってまず廃棄物の処分量の総量が確保されていれば，生活のある一定の水準が保証されるということができるので，ここでの公共財の数量 x は

$$x = n_1 x_1 + n_2 x_2$$

と表示される．

次に，以下では，不純な利他主義の理論モデルを用いることにする．廃棄物のうち一部数量 n_1z が第1地域内で処理されずに第2地域に移送されると想定される．z と x_1-z はともに正数であると仮定される．地域1と地域2の個人の効用関数と所得制約条件は

$u(n_1x_1+n_2x_2, y_1, n_1(x_1-z))$ (1-1)

$M_1 = x_1 + y_1 + pz$ (1-2)

$u(n_1x_1+n_2x_2, y_2, n_2x_2+n_1z)$ (1-3)

$M_2 = x_2 + y_2 - pzn_1/n_2$ (1-4)

と表示される．2つの地域はともに，廃棄物の受け入れを望まない．このような状況の下で，地域1が地域2に廃棄物を受け入れてもらうためには，地域1の個人は地域2の個人との交渉をする．地域1の個人は地域2に対して，廃棄物の受け入れと引き換えに，何らかの補償支出がなされることになるであろう．p は廃棄物の移送に関して地域1で z の1単位当たりに徴収される負担金である．第1地域の個人から1人当たりの徴収額は pz であり，その合計額 pzn_1 から，地域2の個人1人当たりに pzn_1/n_2 が給付される．ここで議論の対象となる廃棄物は，産業廃棄物であるので，廃棄物の自治体の枠を越えた移送に関して市場が成立して，市場価格に基づいて取引されると単純に考えることもできる．しかしながら，前述の NIMBY という表現が意味するように，廃棄物の搬入は地域全体に外部不経済をもたらすということができる．廃棄物の処分場の整備には時間が必要なので，計画的な整備が不可欠であるのに，住民の反対などもあって，設備の建設は容易ではない．廃棄物の処理は行政の重要なテーマであることから，廃棄物施設が順調に整備されるように，自治体が積極的な役割を果たすことが期待される．行政と民間が協力して，住民の要望を十分に尊重しながら，廃棄物処理施設を建設すべきであるといえるであろう．

　この処理施設の建設用地の確保に市場の機能が役立つことが期待されるが，廃棄物の処理場が市場によって解決する条件を整備するための前提条件として，政府による直接的な関与が不可欠であるといえる．処理施設の整備を進める主体に関して言えば，安定的な廃棄物の処理場を確保するためには，政府に

よる直接関与を含めて民間業者による建設から，第3セクター，PFIなど色々の形体が考えられる．民間主体による施設の整備の進め方に対して，市場の均衡価格が大きな影響を与えることが論じられる．処理施設が政府あるいは自治体主導で設定されるときには，負担金や補助金は，廃棄物処分の市場価格を反映することが望まれる．政府は，この一種の市場の失敗を補うことが求められているが，政府による調整が円滑に進まないのも事実である．全国の各地域で，廃棄物の不法投棄が多発していて，この状況のままで，廃棄物の処理に関して市場による解決を提唱しても，不法投棄の被害を体験した住民からは，処理費用を反映して高く設定される価格が不法投棄を誘発させるという懸念をもたらす．この他にも，廃棄物処理施設に対する住民の反対の根源となっている不安や心配を解消するために，政府あるいは自治体が住民を説得する政策に基づく執行過程に膨大な労力と時間が費やされることは同意行政という表現にも込められている．このような作業は，市場での取引に欠かせない権利と義務を明確にするための過程であるということもできる．

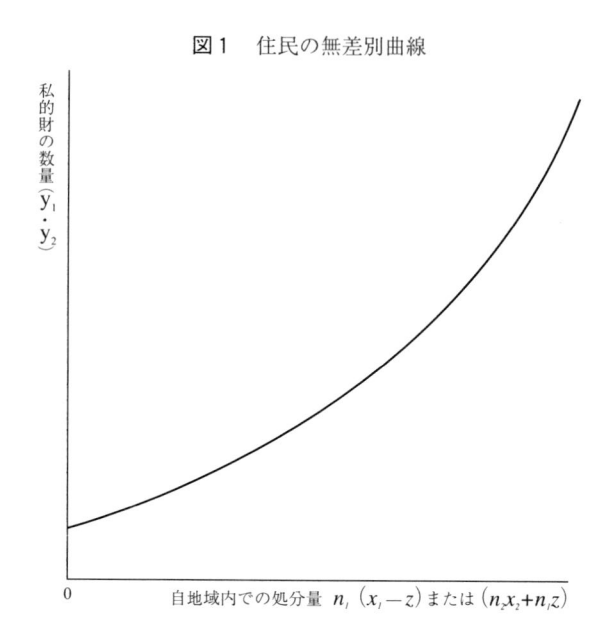

図1　住民の無差別曲線

縦軸：私的財の数量 ($y_1 \cdot y_2$)
横軸：自地域内での処分量 $n_1(x_1-z)$ または $(n_2 x_2 + n_1 z)$

廃棄物の最終処分に関する各地域の個人の選好を明確にするために，効用関数の各変数に関する偏微分係数は

$$u_1 > 0, \quad u_2 > 0, \quad u_3 < 0$$

を満たすと想定される．ただし，効用関数は擬凹であるとしよう．関数の形状に関していえば，効用関数の第3の変数，$n_1(x_1-z)$ または $n_2x_2+n_1z$ は，公共経済学における課税の理論に登場する労働の変数と同様の性質を有する．図1に示されるような右上がりの無差別曲線が描かれる．特に，第3変数に関する偏微分係数の符号は各地域の住民がそれぞれの地域内で廃棄物を処分することに対する不快な感情を持つことを表現する．第1地域の個人は，自地域内での処分量が n_1z 減少することで，効用が増す．これに対して，第2地域の個人は，自地域内での処分量が n_1z 増加することによって効用の低下を被る．いいかえると，両地域の個人は，処分量の総量が増加することを望む一方で，自地域内での処分量の増加を避けたいと願っている．

2.2 廃棄物の地域間移送課税

廃棄物の地域を越えた処分に分類される問題とはいっても，状況はそれぞれ異なる状況に置かれている．それぞれの状況に適合するモデルを構築して，対応策を論じるべきであろう．まず，はじめに，以下の分析の基本となるモデルを提示しよう．各地域が廃棄物の移送先になるか，移送元になるかがあらかじめ定められず，市場あるいは政府によって決められた地域間移送の価格あるいは負担額 p の下で，私的財の数量，自地域内での廃棄物の処分量，移送量が決定されると想定される．2つの地域における処分量の決定は互いに他方の地域の処分量の予測から独立に決められる Cournot–Nash 型の推測（仮定1）が想定される．

仮定1

$$\frac{dx_i}{dx_j} = 0, \qquad i,j = 1, 2.$$

自地域内での処分量が各地域に関して，所得制約下での効用最大化の一階の

条件式を整理すると，第1地域の最適条件は

$$n_1 \frac{u_1}{u_2} + n_1 \frac{u_3}{u_2} = 1 \tag{1-5}$$

$$n_1 \frac{u_3}{u_2} = -p \tag{1-6}$$

と書き直される．効用関数が擬凹関数であることから，廃棄物の移送に対する補助金 p に関して，次の関係が成立する．(1-6) 式から，p の上昇は，y_1 と n_1 (x_1-z) を増加させる．このとき，(1-5) 式から $n_1 u_1/u_2$ が上昇することから，$n_1 x_1 + n_2 x_2$ は減少する．x_2 が一定の仮定もとで，x_1 は減少する．x_1 が減少して，$n_1 (x_1-z)$ が増加するためには，z が減少しなければならない．第1地域で，補助金の負担額が上昇すれば，自域内での処分量が減少して，第2地域への廃棄物の移送量も削減される．廃棄物の地域間移送に伴う，補償支出の増加額は，廃棄物の地域内処理という観点からいえば，一種の混雑費用となって現れる．この混雑費用の増加は，地域における廃棄物処理に対して抑制的に作用する．第2地域に関しても，最適条件は

$$n_2 \frac{u_1}{u_2} + n_2 \frac{u_3}{u_2} = 1 \tag{1-7}$$

$$\frac{u_3}{u_2} = -\frac{p}{n_2} \tag{1-8}$$

と書き表わされる．第2地域に関しても，第1地域に関するのと同様の推論が可能である．p が上昇するとき，(1-8) から，y_2 と $n_2 x_2 + n_1 z$ が増加することが確かめられる．このとき，(1-7) において，$n_2 u_1/u_2$ が上昇することから $n_1 x_1 + n_2 x_2$ が減少しなければならない．この条件と x_1 が一定であるという仮定から，$n_2 x_2$ が減少することが確かめられる．$n_2 x_2 + n_1 z$ が増加するということを想起すれば，z の値は大きくなる．すなわち，第1地域の場合とは逆に，第2地域では，z が増加する可能性が存在する．補助金の支給額の上昇は地域2における引き受け量の増加に作用する．地域2においても，p は自地域内における廃棄物処理に関する混雑税としての役割と廃棄物の地域間移送に関する

需要と供給を調節する価格としての機能を同時に発揮する.

　政府あるいは自治体の対応に関していえば,廃棄物の不法投棄を防止するための監視や罰則などの仕組みが整えられていれば,廃棄物の受け入れ自治体に対する補助金の支給額あるいは移出元での徴収額の増加は,自地域内での処分量を減らし,地域外への廃棄物の移送量を調節する機能を有することが明らかにされた.ここでは,p は補助金と呼ばれているが,廃棄物の処理が民間の業者による市場の取引に委ねられるときには,廃棄物処理価格に上乗せされる,処分場の確保のための経費から算出された金額となるであろう.
(1-5) と (1-6) および (1-7) と (1-8) から,

$$n_h \frac{u_1}{u_2} = 1 + p \qquad h = 1, 2 \qquad (1\text{-}9)$$

が得られる.各地域に関する一階の条件式から,x_1, y_1, z, x_2, y_2 が p, M_1, M_2, n_1, n_2 の関数として表される.住民の移動が無く,人口が一定であるとすれば,M_1, M_2, n_1, n_2 が定数であると仮定される.(1-9) を満たす z と p が求められる.いいかえると,(1-9) は,廃棄物の地域間調整量の需要と供給を表すものであり,これを同時に満たす市場均衡の数量と価格が存在する.

2.3 地域間所得移転と社会的厚生

　以上で,式の上で成立が確かめられた関係を,図 2 を用いて解説してみよう.まず,所得制約条件 (1-2) と (1-4) 式の両辺にそれぞれ x_2 と x_1 を加えて整理すれば,各地域の代表的な個人に関する所得制約条件式は

$$M_1 + x_2 - pz = x + y_1 \qquad (1\text{-}10)$$
$$M_2 + x_1 + pz = x + y_2 \qquad (1\text{-}11)$$

と書き直される.図 2 において水平軸には,社会全体の廃棄物の処分可能量が垂直軸には私的財で測られた所得額が示されている.説明を容易にするために,pz の項が除かれた所得制約線が直線 EF と $E'F'$ で表示されるが,地域内の廃棄物処理能力と私的財の変形曲線の性質を持つ.(1-5) の左辺の第 2 項が負値であることから,最適消費を決定する (1-5) 式の左辺の第 1 項は,この図

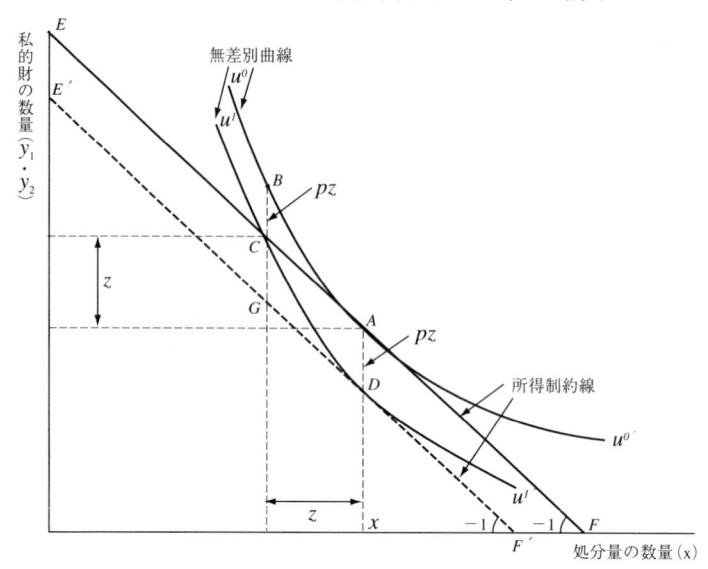

図2 地域を越えた産業廃棄物の処理と厚生の損失

の無差別曲線の勾配の大きさを示すが，1より大きな値を取らなければならない．(1-9)は，各地域が所得制約線の勾配1よりpだけ大きな点を最適値として選択することを意味する．実際には，自治体1の個人は予算制約線と無差別曲線の接点Aではなく，点Aと同じ効用水準である点Bを選択する．しかしながら，点Bでは点Aと比較してzだけ社会の廃棄物の処理能力が低下する．ところで，利己的な満足を示す項u_3/u_1を計算に入れるとzとは別にpzに相当する私的財で測られた利得を獲得することができる．不純な利他主義の項を考慮すれば，自治体1の個人はpzに等しい所得BCを自治体2に提供して，処理を依頼することを考える．

自治体1が処理量をzだけ削減して，自治体2が地域を越えた処理に応じなければ，社会全体の処理能力は$x-z$に等しくなる．自治体2の個人の消費量が点Cで示されたとする．地域2が地域1の廃棄物の処理zを引き受けると，自治体2における不純な利他主義の項があることから，点Cと無差別な消費量は点Dで示される．点Dが存在する所得制約線上の点はGであり，

自治体2の廃棄物処理を引き受ける以前の状態を示す点Cより効用は低くなる．地域を越えた廃棄物の処理が実現されるためには，点Cと点Gの間に存在する私的財の数量pzが自治体1から自治体2に支払われなければならない．自治体2の個人もその消費水準が点Cの水準に止まるのと，処分量の増加に伴う効用の低下をADだけ補償してもらうこととが無差別であることから，この提案を受け入れるであろう．

　ここで，廃棄物の施設を建設することの難しさが見えてくる．まず，他の地域に廃棄物の処理場を建設したとしても，社会全体から見れば，その効用は高くなることはなく，補償額pzだけが新たな負担となる．しかも，移送の量が増大するにつれて，施設を建設するための補償の支払い額がますます高騰することになる．次節における議論のテーマとなるが，現実にこの補償額が税金などから支出されている場合には，その負担による所得効果だけ住民の効用が低下することが気づかれていない．処理場に関してその建設費用だけでなく，その補償費用も明確に市場の価格評価に反映するような廃棄物処理の仕組みを作り上げて，このような社会的な厚生の損失を減少させるためにも，住民が各地域内でその排出量の削減と処分量の増加を実現するべきであろう．その意味においても，pzによってもたらされる社会的な厚生の損失が明確にされるべきであろう．この処分場の受け入れを巡る交渉の過程で，アンダー・グラウンドでお金が動くという事例もしばしば関係者の間で指摘されている．このような処理方法は，その社会的な費用pzを国民に分らないようにする効果があり，国民に廃棄物処理に関して間違った理解を与えることになりかねない．[6]

3．物品課税との組合せ

　前節では，廃棄物の移送元である自治体1において，移送量単位当たりpの負担金あるいは価格が設定されると想定された．このやり方は，市場を直接的あるいは間接的に用いた手法であるということができる．ところで，廃棄物の移送に関する市場の基盤整備という意味においても，政府あるいは自治体が

主導的な役割を演じる場合には，第2節とは異なる方式が採用される可能性が存在する．受入れ自治体を確保するためには，廃棄物処理施設に対する供給を得るための市場価格に対応する移送に関する補償支払が必要である．需要サイドに関しては，この廃棄物移送市場が基本的な生活の基盤に係わるだけに，価格の高さや在庫に関して，円滑な行政の執行という面からは，ある一定の許容範囲があると考えられる．廃棄物の移送が政府による直接的あるいは間接的な管理下に置かれるときには，移送元の自治体は，域内に処分ができない廃棄物が累積されることを避けるために，その移送における補償に必要な経費は移送される廃棄物への課税という形態をとらないで，課税が容易な対象からのものに求められる．本節では，廃棄物に関する補助金の財源が第1地域における消費財への課税によって賄われると仮定しよう．課税と補助金の収支の均衡を表す式は

$$pz = ty_1$$

によって，表現される．地域1における住民の効用最大化を求めるLagrange式は

$$u(n_1x_1+n_2x_2, y_1, n_1(x_1-z)) + \lambda(x_1+y_1+pz-M_1) + \mu(pz-ty_1) \tag{2-1}$$

で書き表される．(2-1)をx_1, y_1, zに関して微分して，最適化の一階の条件式を求めると，

$$n_1u_1 + n_1u_3 + \lambda = 0$$
$$u_2 + \lambda - \mu t = 0$$
$$n_1u_3 - \lambda p - \mu p = 0$$

が得られる．この3式を整理すれば，(1-5)に対応する関係式

$$\frac{n_1\left(\frac{u_1}{u_2}+\frac{u_3}{u_2}\right)-1}{p+n_1\frac{u_3}{u_2}} = -\frac{1}{1+p} \tag{2-2}$$

が導出される．(2-2)は

$$n_1\frac{u_1}{u_2}+n_1\left(1+\frac{1}{1+p}\right)\frac{u_3}{u_2}=1-\frac{p}{1+p} \tag{2-3}$$

と変形される．(2-3) と (1-5) を比較すれば，(2-3) における左辺の第 2 項は混雑税に対応する．p の上昇はこの混雑項の値を減少させて，自治体 1 における廃棄物処理の需要量を増加する．その一方で，

$$\frac{d}{dt}\left(\frac{p}{1+p}\right)=\frac{1}{(1+p)^2}>0$$

から，p の上昇は (2-3) の第 2 項を減少させて，混雑効果を緩和させることから，自治体 1 における廃棄物処理の需要量を増加させる．

　以上の推論を通じて得られた帰結は，次のように要約されるであろう．廃棄物の移送に関する価格を引き上げることは，自治体 1 における税負担額の総額を増加させることになり，一種の所得効果が生じて，廃棄物削減に結びつくのである．ところが，消費税の税率が上昇すれば，消費それ自体を抑制して，廃棄物の処分量を減少するという間接的な効果は消費税には存在するが，消費課税は廃棄物の移送量に対する課税が持つ直接的な効果を持たない．移送量に対する直接課税と比較して，消費税を用いた間接的な抑制策では，結果として，高い移送費の負担が必要となる恐れが存在する．

4．非対称な交渉力を有する自治体間の交渉

　自治体間での交渉あるいは話合いに基づき，廃棄物を処理する 1 つの代表的なケースとしては，いくつかの自治体が共同して廃棄物を処理する施設を有することが考えられる．このような共同処理では，廃棄物を送り出す自治体と受け入れる自治体とが前もって固定されていると想定する必要はない．ある一定の期間ごとに交互に交代して，廃棄物を引き受けることも場合によって可能である．以上の節では，廃棄物の処理に関して，自治体間で役割分担が必ずしも固定されていない場合が分析された．自治体間の協力が必要となる廃棄物の処理の方法に関しては，上記の共同方式とは別に，多様な方式が存在すると考え

られる．瀬戸内海の豊島での深刻な事例などで代表されるマスコミで報道される1つの典型的な例は，大都市で発生した廃棄物を人口の少ない地域に移送することから発生するトラブルであろう．水の流れ程ではないが，廃棄物も人口密度の高い地域から低い地域へと移送される傾向が見られる．このとき，廃棄物の処理を依頼する自治体とそれを引き受ける自治体の関係がある程度固定された関係に置かれている．現実の問題としても，廃棄物の広域処理が課題となっているときでも，廃棄物の行き先の確保に懸命な人口の密集地域に周辺の地域の廃棄物を搬入することは困難であろう．たとえ，このような計画が立てられたとしても，処理施設の建設費用や住民の反対から，この計画の実現は容易ではないであろう．移送元と受入れ先という役割がある程度明確に色分けされる状況の下にあっては，廃棄物の処理を依頼する側に立つ自治体は，受け入れてくれる自治体の動向を予測しながら，廃棄物処理の行政を進めなければならないであろう．このような自治体の間の関係に関する分析には，産業組織論の複占理論として考案され，その後，多くの分野で幅広く使用されているStackelbergモデルが適用可能である．

自治体1が廃棄物を主として送り出す大都市であり，以下では主導者として行動するとしよう．これに対して，自治体2は追随者としての役割を果たすとしよう．まず，自治体2における最大化問題の解 (1-9) から，$h=2$ に関する陰関数定理から，

$$\frac{dx_2}{dx_1} = -n_1 \frac{u_2 u_{11} - u_1 u_{21}}{u_2(u_{11}+u_{13}) - u_1(u_{21}+u_{23})} \tag{3-1}$$

$$= -n_1 \frac{1}{1 - \frac{u_2 u_{13} - u_1 u_{23}}{u_2 u_{11} - u_1 u_{21}}} \tag{3-2}$$

が得られる．u_{11} が負であると想定されるが，u_{21}, u_{13} と u_{23} の符号は明確ではない．$u_2 u_{11}$ が負であることから，

$$u_2 u_{13} - u_1 u_{23} > u_2 u_{11} - u_1 u_{21}$$

が成立して，上の不等式の右辺が負であると仮定すれば，(3-2) の分母が正の

値をとり，dx_2/dx_1 は負である．反応関数を

$$x_2 = \phi(x_1)$$

と表示すれば，導関数は $\phi'(x_1)<0$ を満たす．[7] このような反応関数を用いれば，(1-1) 式は，

$$u(n_1 x_1 + n_2 \phi(x_1), y_1, n_1(x_1-z)) \tag{3-3}$$

と書き直される．第1地域における最大化の一階条件を示す式は (1-5) に対応する

$$\frac{u_1}{u_2}\{n_1 + n_2 \phi'\} + n_1 \frac{u_3}{u_2} = 1 \tag{3-4}$$

と (1-6) によって表現される．$1+(n_2/n_1)\phi'<1$ が成立することに注意すれば，(1-9)に対応する式は

$$n_1 \frac{u_1}{u_2} = \frac{1+p}{1+(n_2/n_1)\phi'} < 1+p \tag{3-5}$$

と書き表される．この右辺の $1+p$ からの乖離は，(n_2/n_1) が大きくなるほど

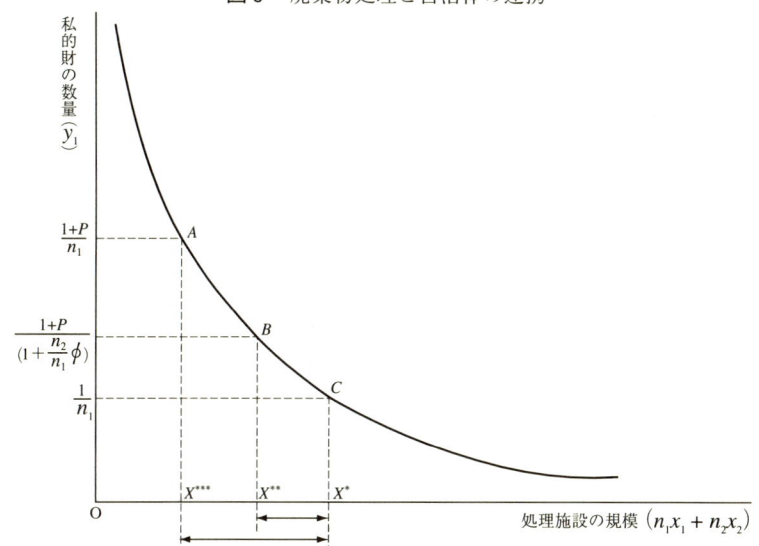

図3　廃棄物処理と自治体の連携

大きくなる．

2節における Nash 均衡との比較において，Stackelberg の均衡の意味を解釈してみよう．そのために，図3が作成される．水平軸に社会における廃棄物の処理施設の規模が，また，垂直軸に私的財の数量がそれぞれ測られる．廃棄物の移動に関して価格あるいは税金が課されないときには，最適点は点 C で表示される．廃棄物の自治体間の移動に関する市場において廃棄物の移送元である自治体1はその移送量の需要者である．移送に対する価格が設定される，その価格が上昇するときには，その移送量の需要量だけでなく，その前提となる処理施設の規模が削減されると予想される．この減少量は Nash 均衡では，x^* から x^{***} に削減されるが，Stackelberg 均衡ではその削減される量は x^{**} となり，Stackelberg 均衡では，Nash 均衡に比較して，その削減の程度は x^{***} と x^{**} の差だけ小さくなることが推測される．

この帰結は次のように理解することも可能である．廃棄物の処理に関して，依存関係が明確な自治体間とほぼ同等の力関係にある自治体間では，交渉の結果として異なる協力体制が出来上がる．地域間における廃棄物の処理に関して，市場価格あるいは負担金が導入されるとき，前者は後者と比較して，その廃棄物処理の需要量を減らさない可能性が大きい．相互依存関係が大きい自治体間での交渉では，交渉の主導権を持つ自治体の意向がある程度交渉相手の自治体に伝わるという安心感が交渉の過程にも反映されて，主導権を持つ自治体が廃棄物処理の現状を深刻に受け止めないという傾向が現れる．この楽観的な交渉に対する主動的な自治体の見通しが，自地域内での廃棄物処理の取組みを緩めてしまう．この現象は，人口が密集する大都市と呼ばれる自治体と周辺の過疎地域との間で見られるものに対応すると考えられる．この対応に大きな影響を与える反応関数の性質をより詳細に分析を進めることが必要であろう．

5．おわりに

本章において，産業廃棄物の地域間移送あるいは広域処理が論じられた．一

般廃棄物と産業廃棄物は異なる分類に区分されるので，次のような公式的な理解に基づいて，廃棄物の処理が進められているといえるであろう．まず，家庭から出される一般廃棄物の処理には，自治体が責任を持つが，産業廃棄物に関しては，その処理の基準が明確に定められて，安全性などの問題が取り除かれた後に，市場原理に基づく解決にその処理を委ねることが，有力な選択肢となる．厚生労働省は，このような対応で産業廃棄物の処理問題を取り扱う方針であるといえる．しかしながら，廃棄物の処理施設が建設される地元の住民にとって，一般廃棄物処理施設と同様に産業廃棄物処理施設が迷惑施設であることには変わらない．関係者の間で市場による解決が図られたとしても，廃棄物処理施設に反対するこのような住民の根強い感情が残ることは明確である．このような感情が，直接の交渉の当事者に加わらない周辺住民に強いことは事実である．この感情が住民運動として盛り上がったときには，処理施設の建設に対して色々の障害が顕在化することになり，施設そのものの建設が順調には進まない事態を予想することも可能である．このような行動が，住民のわがままであると必ずしも言い切れない側面がある．これまで，日本列島全体で，繰り広げられた，廃棄物の不法投棄の実例が余りにも多いことが，この反対運動の実質的なエネルギー源となっている．このように考えると処理施設の建設の前提として廃棄物の不法投棄の防止に関する実績をあげることであるといえる．その意味において，市場主義で廃棄物処理施設の建設が順調に進むようになるのには少し時間的な余裕を見ておかなければならない．

　長期的に考えれば，廃棄物の処理施設の整備は市場原理に基づいて進められるべきであるとしても，廃棄物の処理は日常的に生産および消費活動に欠かすことができない．このように，住民の反感を恐れて，市場主導の廃棄物処理施設の建設方法に消極的な姿勢を示す地元の自治体は，結果として処理施設の潜在的な不足という重大な行政上のテーマを顕在化させる．この段階に至れば，自治体は廃棄物処理施設の建設に積極的に取り組まざるを得ないであろう．ここでの問題は，積極的な姿勢に方針を転換せざるを得なくなる時点が，自治体がこれまでに経験してきた状況によって異なるということである．いいかえる

と，やがて，すべての自治体は，積極的とはいえないまでも，市場による解決をベースとして廃棄物処理施設の建設に賛成の態度をとることになると見込まれるとしても，現時点では，この種の施設の建設に対する各自治体の態度は一様でないことになる．廃棄物処理施設の建設に対する自治体と国を含めた足並みの乱れが，産業廃棄物の処理施設の整備を迷走状態に導いている要因の１つに挙げることさえできるであろう．本章では，このもつれた糸にもたとえられるような混乱を解きほぐす１つのキーワードが自治体間の市場原理に基づく価格あるいは所得移転であることが論じられる．

　この市場は以下のような役割を果たすことが明らかにされた．市場価格は，廃棄物の移送において，混雑費用として表れ，移送元での廃棄物の排出抑制と受入先における受け入れ促進の役割を演じる．この市場における取引によって，社会的な厚生が低下することも論証され，この市場が拡大することは，必ずしも社会の利益になるとは限らないことに留意すべきである．廃棄物の受け入れに関する自治体間の交渉において，廃棄物の移動量以外の財源が求められるとき，市場における廃棄物排出削減効果が減退する．また，廃棄物の受け入れ先と移出元の自治体が固定されている場合には，移出元はこの依存関係に依存して，排出削減の努力を緩めることが恐れられる．本章では，言及されなかったが，自治体の相対的な規模がこの市場行動に影響を与えることも容易に予想される．

　最後に，廃棄物の処分場の再利用も重要なテーマとなることを論じておこう．最終処分場が循環社会における廃棄物の最終終着点として位置付けられるが，同時に，最終処分場自体が再利用されることがまた循環型社会の大前提であるといえる．開発と環境の両立という視点からいえば，最終処分場が再利用を前提として開発される必要があるということになる．廃棄物の最終処分場の設計をするに当たり，再利用を可能とする開発が可能な要因を解明すべきである．次のような個別の課題に対して，有効な処方箋を書くことが，処分場の問題全体の解決にとって有効な帰結をもたらすと期待できる．第１に，処分場に搬入される廃棄物の数量を減少することである．このことは言い古された感じ

もあるが，計画的な処分場の確保を容易にすると考えられる．第2に，処分場の分類を設定して，跡地の活用が容易にするような計画を立てるべきである．さらに，跡地の利用という点からは，有害な廃棄物に対する規制や罰則を強めて，最終処分場の安全性を高めることも必要である．実際，これまで，いくつかの企業は個別に処分場を確保してきており，その跡地は何らかの形で活用されてきていることにも何らかの示唆があると推測される．第3に，廃棄物の最終処分場の確保がここまで深刻になると，公共財として最終処分場の問題を考えるべきである．再利用の計画まで作ってから，処分場を建設し，その再利用の費用が賄えるように処分場の使用費用を設定して，その分担の方法を明確にすることが避けられないであろう．

注

1) 日本経済新聞，2000年5月27日．
2) 朝日新聞，2000年5月26日．
3) 次の引用文は，2000年8月26日の日本経済新聞の記事をベースとして，同年11月29日の朝日新聞の記事を組合せて作成した．
4) 日本経済新聞，2000年11月6日．
5) 朝日新聞，2001年1月5日．詳しくは表1を参照せよ．
6) たとえば，森朴繁樹（2000）47頁を参照せよ．
7) 本稿では，この反応関数が負の場合が考察されるが，上記の推論から明らかなように，この値が非負である可能性が否定された訳ではない．後者の符号の場合は，検討に値するであろう．

参 考 文 献

Andreoni, J. (1989), "Giving with Impure Altruism: Applications to Charity and Ricardian Equivalence," *Journal of Political Economy* 97, pp.1447-1458.

Andreoni, J. (1990), "Impure Altruism and Donation to Public Goods: A Theory of Warm Glow Giving," *Economic Journal* 100, pp.464-477.

Cornes, R. and T. Sandler (1994), "The Comparative Static Properties of the Impure Public Good Model," *Journal of Public Economics* 54, pp.403-421.

Mansbridge, J. J. (ed.) (1990), *Beyond Self-Interest,* The University of Chicago Press, Chicago.

Levinson, A. (1999), "NIMBY Tax Matter: The Case of State Hazardous Waste Disposal Taxes," *Journal of Public Economics* 74, pp.31-51.

森朴繁樹 (2000),「産業廃棄物処理の現場からの視点」『地球環境レポート』第3号, 20-26頁, (追加質疑40-41頁, 47-48頁).

Tanaka, H. and T. Hirai, (1994), "Purely and Governmental Voluntary Provision of Public Goods under Impure Altruism," 経済学論纂（中央大学）, 35巻, 1・2合併号, 323-330頁.

田中廣滋 (2000),「環境経済学のワンポイント講義（第3回）：市場機構を活用した廃棄物処理場の整備」『地球環境レポート』第3号, 120-123頁.

Vicary, S. (1997), "Joint Production and the Private Provision of Public Goods," *Journal of Public Economics* 63, pp.429-445.

エピローグ

環境ネットワークの構築と管理方法

1. 個別の対応から社会のネットワークの対応へ

　人体にとって有害な物質に対する排出規制などに代表される伝統的なタイプの環境問題への対応では，国民の生命あるいは生活を守るために行政機関と立法機関が協力して企業などの排出主体に排出削減を求める．行政機関と市民の活動の関係に関して言えば，市民の積極的な活動によって，行政機関が環境への取組みを強化することがみられたり，規制や行政指導が実施される前の段階で，その規制の実効性を高めるために，その規制の内容を検討する審議会などで学識経験者を含めて事業者の代表が参加することが多い．現状肯定的な立場からみれば，この意思決定の仕方は，企業と行政が協力して環境問題への道を進んでいるということもできる．環境対策を推進する立場からは，この行政の手法では現状追認の対策しか打ち出すことにならないと指摘され，この枠組みにおいて環境問題の解決が著しい前進を遂げることができないという批判や不満が渦巻くという結果にもなりかねない．

　今後とも，環境問題に対する行政や政治の役割および重要性は低下することはないが，環境に適合した生産や生活の仕組みができあがるためには，これまで以上に，個人や企業の積極的な活動が求められる．[1] 排出主体が多様化・多核化することも一因となり，環境問題が広範かつ深刻になると環境政策に対する課題に行政が自らの責任で対処することは困難になる．行政が主として責任を負う解決方法には，構造的な欠点あるいは限界が内包されているとさえいえる．[2] 特に，地球環境や廃棄物の再資源化などの複合的な要因によって引き起こされる環境問題では，対処療法的に個別的に排出対象を規制あるいは指導す

る手法だけでは，環境問題が解消すると評価される水準まで，温室効果ガスや最終廃棄物などの排出が，総量として削減されると保証されることがなければ，根本的な解決策は得られないであろう．行政や政治を中心とした環境対策の戦略策定においても，市民の日常活動や企業の経済活動の中にも環境への対応を着実に推進させる仕組みを実際に組み込むことが不可欠である．どのような形態で，この政策の枠組みの決定と実施に市民や企業が参加するのかということが明確にされなければならない．環境問題を解決するために社会全体を包み込むネットワークの仕組みを解明して，その管理運営の有効な方策を実施することが重要な課題として認識されるべきであろう．

2．市場ネットワークの意味

　本書において，環境問題への対応に関して，従来の手法の再検討や新しい接近が提案される．生産や消費などの経済活動が環境に与える影響が大きいことから，市場を活用した方法の推進が論じられる．環境問題に対して理論的には外部経済あるいは外部不経済に関する議論が適用される．この外部経済あるいは外部不経済への対応において，新しい市場の創設と擬似的な価格機構の構築が論じられる．大気汚染に関して重大な責任を有する自動車産業を例にとれば，CO_2の排出基準の強化に伴う燃料電池の開発や循環型社会の実現のために植物を原料とするプラスティックの開発などは新しい市場を創造することによって，環境の対策が進むと期待される．このように，市場の自律的な調整過程のなかで，市場が形成されることもあれば，グリーン購入法のように国の機関に環境配慮型商品の購入を強制することによって，政府が環境対応型の商品開発を促すために需要者として市場作りに参加する．これに対して，家電リサイクル法（特定家庭機器再商品化法）のねらいは少し異なったところにある．消費者は電気製品が不要になったときには，処理費用を支払わなければならない．消費者がこれまで以上に長く商品を使用したり，あるいは，再商品化を実現する市場が拡大することが期待されている．ところで，この引取りのルートとしては，従来の廃棄物のルートとは異なり，主として民間の業者が担うこと

が想定されているが，指定業者が近くにいなくて，運搬費などが高く設定されるときには，自治体が有料で回収に参加する場合も生じるであろう．

炭素税や排出許可市場は市場の機能を活用した，有力な汚染物質削減方法である．課税や排出物市場が創設されることによって，排出物に一種の価格が設定され，仮想上ではあっても，排出物が生産および消費活動の対象となる財として市場で取引される．市場が形成される前は，汚染物質は自由財として，多くの主体が無制限に利用することが可能であるが，いったん市場が成立すれば，その市場に参加して，課税を負担したり，あるいは，排出許可を取得した主体だけが汚染物質を排出することができる．市場を媒介としたネットワークが汚染物質に関係する主体の間で形成され，それらの主体の相互関係は，市場の価格によって制御される．市場を活用した政策は，汚染物質に関するネットワークを明確にすることによって，その管理をより容易にするということができる．[3]

3．政治・行政と市場ネットワーク

環境は公共財に分類されることから，政治・行政と市場との関係は公共財の理論や規制に関する理論において解明される．政府が環境に直接責任を持つ場合と，規制当局としての役割を演じる場合が論じられる．政府が独占的な供給者として責任を果たさなければならない場合と民間の主体によって供給の主要な部分が賄われる場合とではネットワークの形成過程は異なる．[4] その市場の性質が独占的であるか完全競争的であるかに応じて，市場のネットワークは，異なった役割を演じる．市場は匿名性あるいは無政府的な性質を有していて，市場を有効に制御することは容易ではない．市場のネットワークが機能するためには，市場機構を整備してその有効性を高めるだけでは十分でない．市場の解が環境政策の支柱の一つであるとしても，それだけでは環境問題が解決しないことを認識して，われわれは市場の解法に過度な期待と信頼を持つべきでなく，市場ネットワークの機能を活かすためにも，行政や市民との連携あるいは効率的なネットワークの形成が不可避である．

図1 環境問題の深刻化とネットワークの整備

緊急度の社会的認識	高い（移行期）	低い（安定状態）
ネットワークの拡大	行政の影響力低下 部分ネットのネットの形成 ③	循環型社会 省エネルギー社会 ④
ネットワークの未整備	行政主導 部分ネットの構築	大量消費社会 エネルギー大量消費社会 ①

　経済活動の拡大，生活のスタイルの変化や人口の増加などの要因によって環境問題は引き起こされ，この問題の顕在化が社会問題となる．社会の意思決定の問題から見れば，環境問題は一種の外圧としての役割を果たす．社会的な資源配分を決定する仕組みが，地球規模での環境問題の深刻化によってどのように変化するかを解明することが必要である．田中廣滋・重森臣広（1993）では，国内的な意思決定に外圧が与える影響がモデルを用いて分析された．田中・重森モデルを外圧として環境問題に適用した図1を用いて，循環型社会が構築されるまでの過程が考察される．ここで導入されるモデルの基本的な性質を明らかにするために，図1を解説しよう．

　種々の環境問題を引き起こす社会的な構造の変革が論じられるとき，その出発点となる状況は①に位置するであろう．われわれが大量消費社会あるいはエネルギー大量消費社会とよばれる状況にあるとき，資源配分機構は資源の再利用あるいは省エネルギーを促進する方向には組み立てられていない．この資源配分機構自体が環境問題を引き起こす原因となっており，この仕組みを組替えることが現在求められている．資源配分機構の改革の方策に関しては，いろいろの提案がなされる．本書における，われわれの主張の中心は，環境問題を

解消するための個々のネットが有機的に結合され，社会全体を包み込むあるいは社会生活の安全と安定を保障するネットワークが構築されることである．目標とするネットワークが完成する道筋が示されることによって，環境問題解決への糸口が得られたと考えられる．この議論の焦点は環境問題とネットワークの関係の分析であり，ここで用いられる分析手法はあくまでも仮説的な単純化であるにすぎない．環境問題への対応が弱い社会構造の下では，やがて環境問題が重要な社会問題として現れる．②で表される状況においては，社会の仕組みは大量消費社会あるいはエネルギー大量消費社会の基本的な構造を有しており，環境問題の深刻化に対応するネットワークは十分に整備されてはいない．深刻化する環境問題への対策の第一段階として，環境の悪化を防止するための緊急対策が講じられるとともに，全体のネットワークの一部を構成する要素が部分ネットとして建設される．たとえば，この段階で目立つ取組みとしては，自治体を中心とした資源循環の取組みの強化や市民や企業の団体による自発的な活動である．

　ここでは，③の状態に社会が進めば，次第にネットワークが自己増殖的に発展して，次第に完全な形のネットワークが完成される．いいかえると，ネットワークに参加する個々の主体が協力することによって，目標の④の状態が達成される．[5] その意味では，③から④への移行は，比較的に円滑に実施されると予想されるが，②から③へ社会の状態を動かすことは困難であるということができる．その理由は，環境問題の解決が市民に社会生活上の不便さと大きな負担を課すということだけでなく，社会の資源の配分の方法を変える試みに共通する次のような事情も重要な要因としてあげることができる．社会のシステムの変更によって，仕事を失ったり，大きな損失を被る企業や個人が大量に発生するにもかかわらず，利益の増加や新たな仕事を獲得する集団は，④の状態に至るまでその全容が現れない．変革の前と後に対応する②と③を単純に比較すれば，変革による損失が利益を上回るということが，可能性として高くなる．変革の過程で社会が当面直面する損失と利益の比較がこの変革を遅らせる政治的な圧力として作用するといえる．この②から③に至る過程にお

いて，市民などの支持の下で展開する政治的な力の結集が求められる．この段階では，環境が選挙における投票のテーマとして国民が認識できるような環境設定が必要である．[6]

　②と③のネットワークを表すイメージ図として，図2と図3が作成される．図に登場する個人と企業数はともに2であるが，この単純化は図が簡潔になるためである．ネットワークの機能がこれらの主体が増えることによって飛躍的に拡大することが本書における論点の一つとなる．図2と図3における特徴を比較して論じよう．まず第1に，③と比較して，②においては，行政中心にネットワークが形成されることから，そのネットの網の目が粗くなる．このことは，②において対応できる環境問題がかなり限定されることを意味する．第2に，②に対応する図2においては，③の市場に対応する図3の右側の領域が欠けている．②と③ではこの領域における環境問題への対応ができるかどうかが大きな差として認識されるべきである．5章は市場を活用した価格政策の環境対策として効果が分析される．第3に，図3における右側の領域が存在することに注意すべきである．この領域は市場だけでは解決しない環境問題があることを示している．この場合においても，自治体など行政機関だけで対応することには限界があるので，市民などの協力を得ながら環境対策を推進す

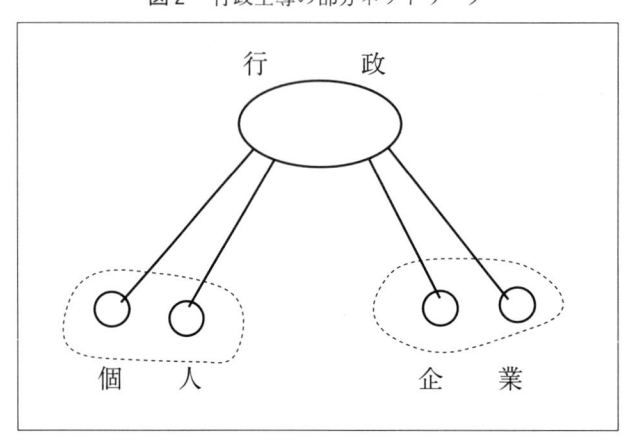

図2　行政主導の部分ネットワーク

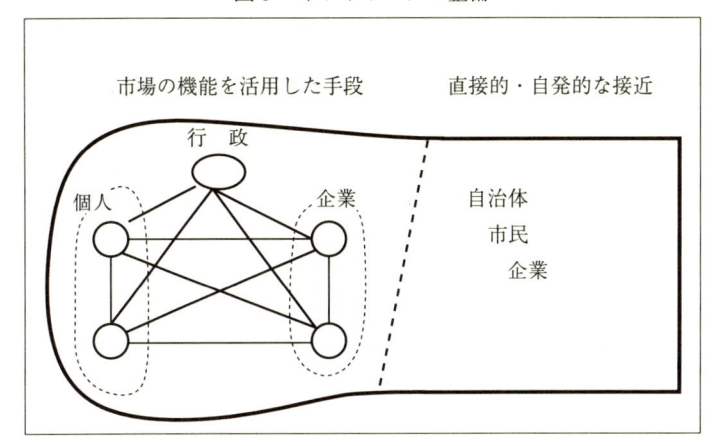

図3　ネットワークの整備

　　　　市場の機能を活用した手段　　　直接的・自発的な接近

　　　　　　　　行　政
　　　個人　　　　　　　企業　　　　　自治体
　　　　　　　　　　　　　　　　　　　市民
　　　　　　　　　　　　　　　　　　　企業

ることが重要である．この領域においてある種のネットワークが有効に機能すると期待される．このテーマが4章と6章のテーマである．第4に，1章において指摘されたように，図3の左側の領域で示される市場の機能に対して，右側の行政機関や市民の活動によって大きな影響が与えられる．第5に，以上の議論は主として，国内のネットワークが論じられたが，3章における，国際的にネットワークの形成に議論を拡張することも重要である．

注
1) Liefferink, Anderson, Enevoldsen (2000) は環境問題への自発的な接近がその機能を発揮するための，社会的な意思決定過程の変革に関する分析を行う．
2) Jacob (2000) は地域社会の再生を実現するために，自治体が個人や企業と連携するために指針を与える．
3) 自治体による環境問題への対応は，公益企業の機能と共通する性質を有している．Newbery (2000) は最新の理論分析を用いて，ネットワークの運営方法を提言する．
4) ネットワークに関する議論は，社会科学の理論では，依然として抽象的なレベルに止まっている．Shy (2001) などを参照せよ．Dhanda 他 (1999) は数理計画法の手法を用いて，環境ネットワークの市場均衡の特性を分析する．
5) 田中廣滋 (1997) は，社会改革をリードする主体として行政機関に焦点を

当てて，その行動の尺度としての時間費用の役割を論証する．
6) 政治的な意思決定を論じるとき，このような不連続な過程や安定した意思決定が行われるのかは興味あるテーマである．田中廣滋（1985）と（1998）は，この過程の分析に拒否権理論と中位投票者理論の適応を試みる．

参 考 文 献

Dhanda, K. K., Nagurney, A. and P. Ramanujam (1999), *Environmental Networks : A Framework for Economic Dicision-Making and Policy Analysis*, Massachusetts, Edward Elgar Publishing.

Jacob, B. (2000), *Strategy and Partnership in Cities and Regions : Economic Development and Urban Regeneration in Pittsburgh, Birmingham and Rotterdam*, New York, Marcmillan Press Ltd.

Liefferink, D., M.S.Anderson, and M.Enevoldson (2000), "Interpreting Joint Environmental Policy–making : Between Deregulation and Political Modnization," in edited by A.P.J. Mol, V.Lauber and D.Liefferink, *The Voluntary Approach to Environmental Policy : Joint Environmental Approach to Environmental Pilicy–making in Europe*. Oxford, Oxford University Press, pp.10-61.

Newbery, D.M. (2000), Privatization, *Restructuring and Regulation of Network Utilities*, Cambridge, Massachusetts, The MIT Press.

Shy, O. (2001), *The Economics of Network Industries*, Cambridge, Cambrige University Press.

田中廣滋（1985),「空間政党モデルにおける拒否権理論」,『公共選択の研究』6号，58-70頁．

田中廣滋・重森臣広（1993),「外圧と国内的意思決定―貿易摩擦と政治解決のモデル分析―」『公共選択の研究』21号，19-32頁．

田中廣滋（1997),「行政機関の効率性に関する交渉ゲームによる分析」,『経済学論纂（中央大学）』37巻，5・6合併号，239-257頁．

田中廣滋（1998),「中位投票者理論の有効性―行政の効率性向上における投票理論の役割」,『中央大学経済研究所年報』28号，269-283頁．

田 中 廣 滋

索　引

《和文索引》（50音順）

あ　行

アグロフォレストリー	41, 57, 61, 64, 71, 80, 84
アジア経済研究所	83
新しい食料・農業・農村政策の方向	108
尼崎公害訴訟	133
天野明弘	85
綾町	108
井田貴志	37
今泉博国	37
岩井信夫	139
インセンティブ	3, 16, 23, 54, 65, 70, 71, 72, 82
インセンティブ課税	15
インセンティブ規制	12
エコツーリズム	19, 37, 67, 82
エネルギー効率	46, 85, 115
エリアライセンス制度（ALS）	128
エレクトロニック・ロード・プライシング（ERP）	128
横断性条件	33, 39
大型ディーゼル車高速道路利用税	124, 135
ODA大綱	72
オコンナー，デビット	83
オゾン層	76
温室効果ガス排出削減	76
温暖化対策クリーン開発メカニズム事業調査	79

か　行

外需依存度	27
海上町	148
外部経済	44, 53, 68, 69, 70, 72, 76, 77, 82, 168
外部費用	124, 126, 134
外部不経済	44, 122, 151, 168
課徴金	2, 4, 5, 6, 8, 11, 12, 14
家電リサイクル法	168
鎌倉市	131, 133
環境NGO	60
環境志向的サービス	26
環境税	25, 29, 30, 32, 36
環境ネットワーク	41, 61, 63, 64, 66, 69, 70, 71, 72, 78, 81, 82
環境ネットワーク構築	66, 72
環境保全型推進憲章	108
環境保全型農業	89, 112
環境保全型農業の推進に関する条例	108
監視	3, 9, 11, 16, 42, 67, 76, 93, 94, 98, 128, 147, 155
監視活動	2, 3, 9, 13, 147
関税	59
カンバーランド道路	138
企業的フロンティア	45, 55, 56, 57, 68, 83
岸　真清	23, 75, 85, 86, 117
規制手段	3, 4
規制の実行費用	11
義務的プログラム	89
京都議定書	79, 80
極度貧困者	46
草の根	64, 75, 81, 82
グリーン・ツーリズム	19, 21, 24, 29, 35, 36
グリーン・ツーリズムの展開方向	20, 36
クリーン開発メカニズム	79, 82, 85
グリーン購入	60, 61
グリーン購入法	144, 168
グリーン税制	127
経済協力開発機構	83
公共財	1, 2, 21, 92, 97, 105, 145, 150, 169
厚生労働省	163
交通規制線	128
国民植樹年	62
国連	42
小林紀之	84
コブ・ダグラス型の効用関数	37
コミュニティ林管理協定	71
コモンプール	35
コモンプール財	21, 28, 30, 32, 34, 35
コモンプールの外部性	22, 23
混雑費用	146, 154, 164
混雑料金	121

さ　行

財産権	53, 55, 61, 64, 71, 72, 82
再生可能エネルギー	47, 64, 73
再生関数	30, 39
財政の潜在価格	8
最適制御政策	32
債務と自然環境のスワップ	68, 81, 82
桜井偵治	112, 113
砂漠化	43, 46, 64, 76
ジェンダー	72
死荷重	95, 96, 99
重森臣広	170
自己申告	11
自然エネルギー	47
自然生態系農業の推進に関する条例	108
次善の解	9, 11
持続性の高い農業生産方式の導入の促進に関する法律	108
社会的割引率	31, 35
シャドウプライス	32, 38
循環型社会	1, 144, 164, 168, 170
循環社会	144, 164
準線型効用関数	31
情報の非対称性	1
食料・農業・農村基本計画	20
食料・農業・農村基本法	108
植林	61, 62, 63, 64, 69, 79, 82
森林債	80, 81, 82
森林資源アセスメント2000	42
森林税	23, 80, 81, 82
森林認証制度	57, 61
森林保全基金	80, 81, 82
スミード・レポート	121
生活水準の向上と環境保全のトレードオフ問題	30
政府活動の超過負担	9
生物多様性	41, 61, 66, 68, 69, 72, 74, 76, 82
生物多様性条約	66
清和村	108
世界銀行	67, 76, 77, 78, 79, 82
全国環境保全型農業推進会議	108
全国農業協同組合中央会	108
全国農業協同組合連合会	108
ゾーニング政策	90, 104
村落森林区画計画	65

た　行

第3セクター	37, 152
タイの農業・農協省（MAC）	65
高谷好一	84
田坂敏雄	83, 84
田中廣滋	16, 146, 170, 173
炭素基金	79, 80, 82
炭素税	169
地域プランナー	21, 31, 35, 36
地球温暖化	43, 47, 70, 82, 115, 134
地球環境基金	75
地球環境村ぎふ	149
地球サミット	66
中心業務地区	128
賃金格差	27, 28
ディーゼル車微粒子除去装置	124
豊島	147
東京都	124, 133, 135, 139
道路歳入法	119
道路特定財源	136
道路の有料化	119
トールリング・システム	127, 128
特別環境案件金利	73
都市生産物価格	29
都市部と農村部との経済的格差	35

な　行

中村　修	111
入域許可証	128
熱帯林	41, 42, 43, 46, 48, 50, 55, 56, 60, 76, 82
ネットワーク	82, 168, 169, 170, 171
農産物支持価格制度	27
農村漁村滞在型余暇活動のための基盤整備の促進に関する法律	20
農林水産省	108, 112, 113
農林水産省構造改善局	20
農林水産省統計情報部	109

は　行

パークス，クリス・C.	83
バイオマスエネルギー	47, 58, 79, 82
廃棄物処理施設	1, 145, 146, 148, 163, 164

排出許可市場	169
排出権市場	3
伐採権の譲渡価格	53
伐採率	49, 50
原　剛	112
バリ・パートナーシップ基金（BPF）	58
平井健之	146
不純な利他主義	146, 151
不法排出	4, 7, 9
不法排出の発見率	4, 7, 8
不法排出発見の努力	6
フリーライダー	56, 67, 82, 145
補助金	56, 59, 75, 82, 90, 92, 94, 95, 152, 158
ホン，イブリン	83

ま　行

マイクロ・クレジット	78, 81, 82
マングローブ植林行動計画	69
御嵩町	148
緑の地球ネットワーク	79
メンデス，シコ	83
モーダルシフト	131, 136
モラル・ハザード	68, 69, 70, 79
森朴繁樹	165

や　行

藪田雅弘	37, 38
誘因両立性の条件	14, 16
有機農業振興に関する条例	108
優遇金利	73
誘導的プログラム	90

ら　行

ランドサット（RANDSAT）	42
陸上交通援助法	119, 139
両地域の賃金格差	27
連邦補助道路法	119, 138
ロイヤリティー	51
ローカル・コモンズ	41, 47, 56, 70, 71, 72, 77, 81, 82
ローテーション伐採	51
ロード・プライシング	117, 120, 137, 138

わ　行

我が国における農村地域の位置づけ	38
和泊町	108

《欧文索引》（アルファベット順）

ALS	128	Dupuit, J.	120
Anderson, M.S.	173	ECMT	116, 139
Andreoni, J.	146	Ellis, F.	84, 85
BAAC	78	Enevoldson, M.	174
Babcock, B.A.	89	ERP	128, 129, 136
Barbier et al	83	FAO	41, 47, 49
Barbier, E.B.	38	FSC	60
Botkin, D.B.	83	GEF	76, 77, 82
Blowers, A.	84	Glasbergen, P.	84, 86
BPF	58	GOFC	42
Carson, R.	111	Greenberg, J.	17
Chapman, D.	20	GTOS	42
CI	68	Harrington, W.	17
Cornes, R.	146	Harwitz, M.	121
CoC 認証	61	Heyes, A.G.	17
DAC	73	Hussen, A.M.	21, 37

IDRC	65, 66, 84	ODA	56, 73, 74, 75, 77, 81, 82
Innes, R.	11	OECD	75, 85, 139
ITTA	57, 58	OECF	75
ITTO	48, 58, 81, 83	OEM	73
Jacob, B.	173	OOF	73
JICA	76	O'Riordan, T.	83
Kambhu, J	17	PFI	73, 152
Keller, E.A.	83	Pinfold, T.	139
Knight, F.H.	120	RANDSAT	42
Kraus, M.	139	Rauscher, M.	38
Laffont, J.J.	12	Sandler, T.	146
Levinson, A.	145	Sanger *et al*	84
Liefferink, D.	173	Shy, O.	173
Livernois, J.	11	Stackelberg	160, 162
MAC	65	Stranlund, J.K.	112
MacDicken, KG.	84	TDM	116, 133, 140
Mansbridge, J.J.	145	UNDP	76, 78, 85
McKenna, C.J.	11	UNEP	78
Michael Z.F.Li	139	Verga, NT.	84
Miller, G.	83	Vicary, S.	146
Mohring, M.	121, 139	Walters, A.A.	120, 135, 139
MRT	131	Warm Glow	146
NASA	42	WCMC	42
Newbery, D.M.	139, 173	WRI	44, 67, 83
NGO	60, 75, 78, 79, 80, 82	Wu, J.	89, 112
NIMBY	145, 151	Yabuta, M	24
NSO	83, 84		

執筆者紹介（執筆順）

田中 廣滋　中央大学経済学部教授〔プロローグ，第1・6章，エピローグ〕
藪田 雅弘　中央大学経済学部教授〔第2章〕
鳥飼 行博　東海大学教養学部人間環境学科助教授〔第3章〕
牛房 義明　中央大学大学院経済学研究科博士後期課程〔第4章〕
宮野 俊明　九州産業大学経済学部講師〔第5章〕

環境ネットワークの再構築　　　CRUGE 研究叢書 2

2001年7月30日　発行

編　集　中央大学研究開発機構地球環境研究ユニット
発行者　中央大学出版部
　　　　　代表者　辰川弘敬

100%
古紙100%再生紙

東京都八王子市東中野 742-1
発行所　中央大学出版部
電話 0426（74）2351　FAX 0426（74）2354

表紙デザイン／アート工房時遊人　　電算印刷・渋谷文泉閣
Ⓒ（検印廃止）

ISBN 4-8057-2501-X